Wiederholungen 

1. a)

+	120	210	450
2840			
4320			
7850			

b)

–	180	150	310
1590			
3380			
5210			

2. a) 2395 + 7 = ______
7597 + 4 = ______
8998 + 3 = ______

b) 7201 – 5 = ______
8702 – 8 = ______
5004 – 9 = ______

c) 29540 + 38 = ______
74695 – 21 = ______
63253 + 15 = ______

3. Die Summe der Zahlen in zwei nebeneinander liegenden Steinen steht im Stein darüber.

a)

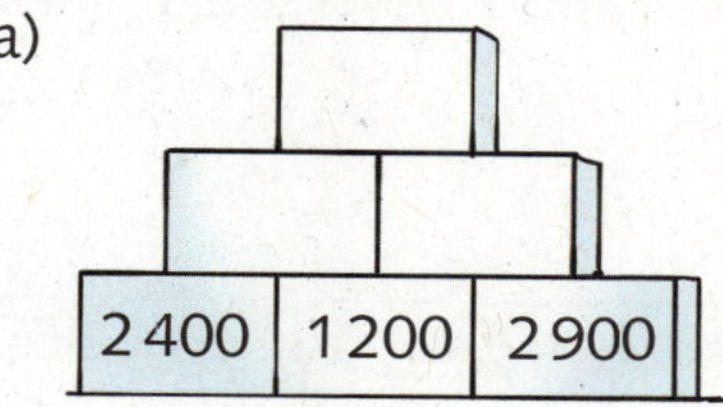

b)

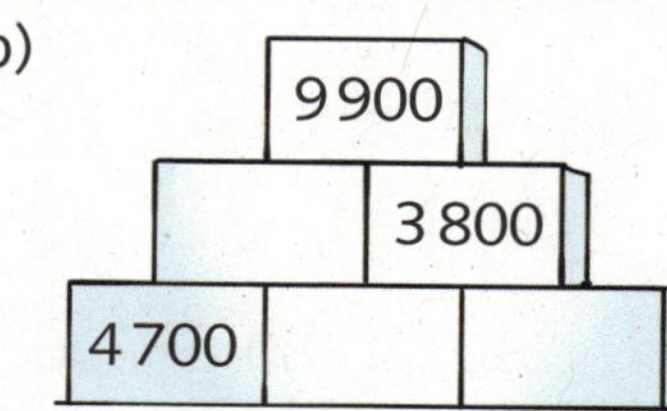

c)

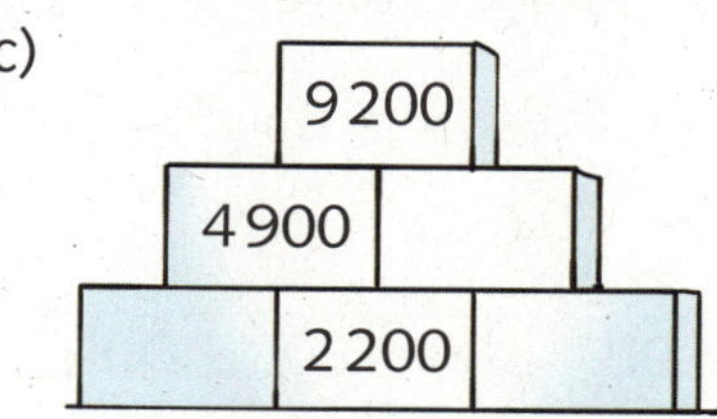

4. Trage die Buchstaben bei den Lösungszahlen ein. Du erhältst ein Lösungswort.

a) 3458 + 2450 **A**

b) 14508 + 23697 **E**

c) 1302 + 98428 **T**

d) 23407 + 30573 **B**

e) 84573 + 3027 **O**

f) 6837 – 1331 **P**

g) 23474 – 11532 **U**

h) 78024 – 2842 **R**

i) 51607 – 19406 **S**

j) 68041 – 17230 **N**

5506	5908	11942	32201	38205	50811	53980	75182	87600	99730

5. Im Kopf oder schriftlich?

a) 12360 + 1201 = ______
46219 + 8709 = ______
23640 + 9999 = ______

b) 34500 – 2300 = ______
75300 – 9999 = ______
48079 – 8769 = ______

c) 27604 + 38329 = ______
46685 – 28720 = ______
66250 – 36050 = ______

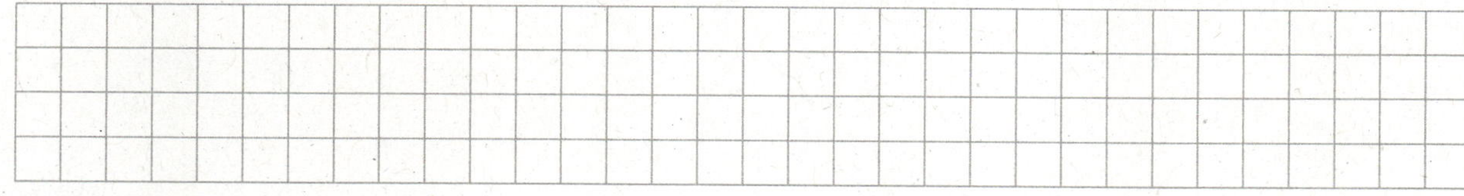

1. a) 712 · 100 = ______ b) 3000 · 8 = ______ c) 4002 · 2 = ______

809 · 10 = ______ 200 · 90 = ______ 203 · 30 = ______

51 · 1000 = ______ 60 · 600 = ______ 3010 · 5 = ______

2. a) 28000 : 100 = ______ b) 4800 : 6 = ______ c) 1200 : 600 = ______

7100 : 10 = ______ 3200 : 8 = ______ 18000 : 9 = ______

190000 : 100 = ______ 2400 : 3 = ______ 250000 : 50 = ______

3. a)

·	30	20	8
40			
5000			
700			

b)

:	2	30	6
1800			
36000			
120000			

4. Trage die Buchstaben bei den Lösungszahlen ein. Du erhältst ein Lösungswort.

a) 410 · 3 = ______ F b) 5500 · 2 = ______ C c) 18000 : 20 = ______ C

220 · 5 = ______ H 4000 · 6 = ______ H 32000 : 40 = ______ L

80 · 30 = ______ A 600 · 60 = ______ E 27000 : 300 = ______ M

180 · 2 = ______ I 320 · 4 = ______ L 48000 : 6 = ______ S

90	360	800	900	1100	1230	1280	2400	8000	11000	24000	36000

5.

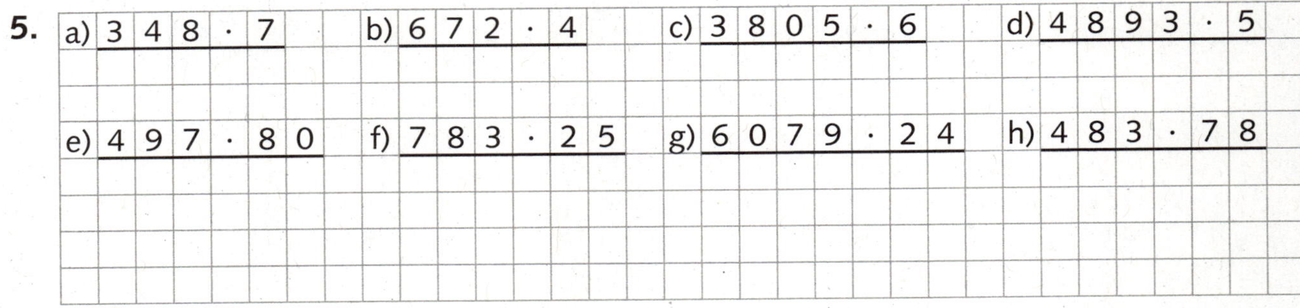

6. Im Kopf oder schriftlich? Trage die Ergebnisse ein.

a) 7842 : 3 = ______ b) 56080 : 8 = ______ c) 27996 : 4 = ______

2505 : 5 = ______ 54009 : 9 = ______ 49007 : 7 = ______

1. Rechne im Kopf.

a) 21,4 + 2,3 = ____
59,8 + 1,2 = ____
3,23 + 2,4 = ____

b) 45,8 − 4,5 = ____
24,6 − 14,3 = ____
9,76 − 3,4 = ____

c) 6,2 · 3 = ____
4,1 · 8 = ____
0,7 · 9 = ____

d) 15,5 : 5 = ____
24,8 : 8 = ____
8,06 : 2 = ____

2. a)

·	0,2	0,03	1,1	3,1
4				
40				
50				

b)

:	2	3	4	6
1,2				
0,12				
0,36				

3. Setze im Ergebnis das Komma an die richtige Stelle.

a) 63,8 · 4

b) 136,7 · 6

c) 4,52 · 7

d) 17,38 · 9

4. Im Kopf oder schriftlich? Trage die Ergebnisse ein.

a) 36,9 : 3 = ____
17,2 : 2 = ____

b) 36,24 : 4 = ____
14,14 : 7 = ____

c) 505,55 : 5 = ____
828,72 : 9 = ____

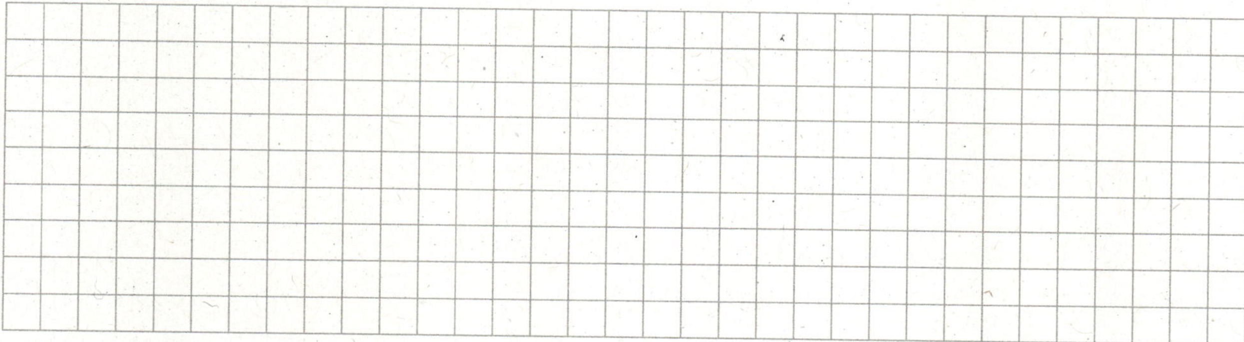

5.

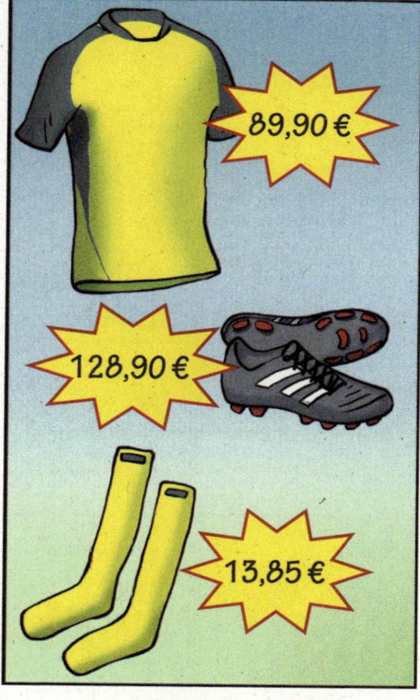
89,90 €
128,90 €
13,85 €

a)

Ich kaufe vier Paar Sportsocken.

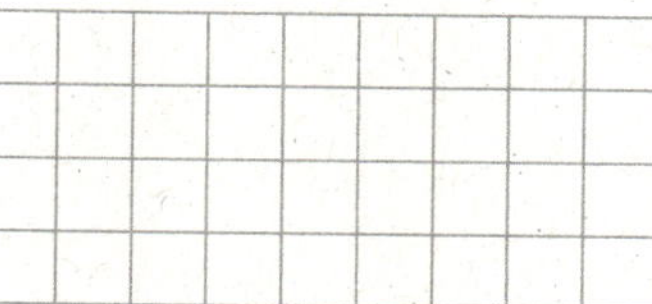

F: ____

A: ____

b) Ich habe 250 € gespart. Ich kaufe ein Trikot und die Schuhe.

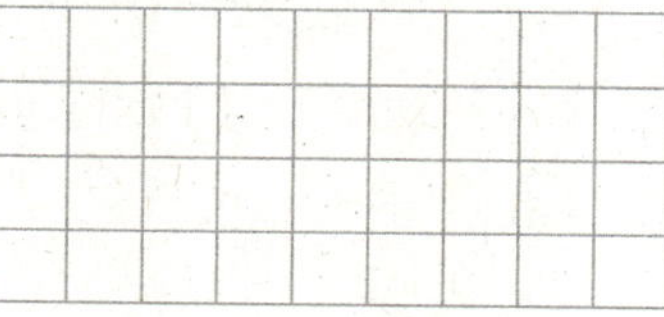

F: ____

A: ____

1. Ordne die Zahlen zu.

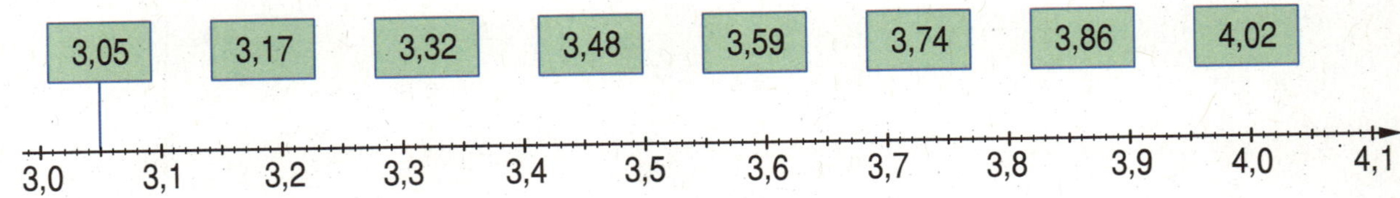

2. Schreibe mit einem Dezimalbruch.

a) $\frac{1}{4}$ m = ______ m b) $\frac{1}{10}$ kg = ______ kg c) $\frac{1}{2}$ km = ______ km

$\frac{3}{4}$ m = ______ m $\frac{7}{10}$ kg = ______ kg $\frac{1}{5}$ km = ______ km

Verschiebe das Komma in beiden Zahlen so weit nach rechts, bis die zweite Zahl kein Komma mehr hat.	4,05 : 0,5 40,5 : 5	72,648 : 0,09 7264,8 : 9

3. Verschiebe zuerst das Komma, dann rechne im Kopf.

a) 2,5 : 0,5 = ______ = ___ b) 4,5 : 0,9 = ______ = ___ c) 3,3 : 1,1 = ______ = ___

1,8 : 0,3 = ______ = ___ 3,2 : 0,4 = ______ = ___ 2,4 : 1,2 = ______ = ___

4. a) 1,98 : 0,3 = ______

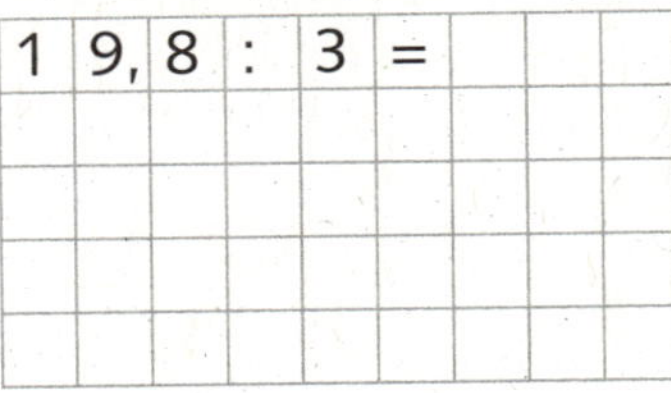

b) 5,04 : 0,7 = ______

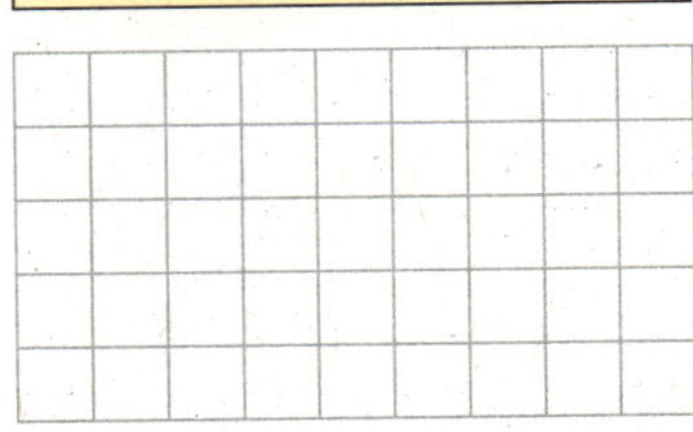

c) 4,35 : 0,05 = ______

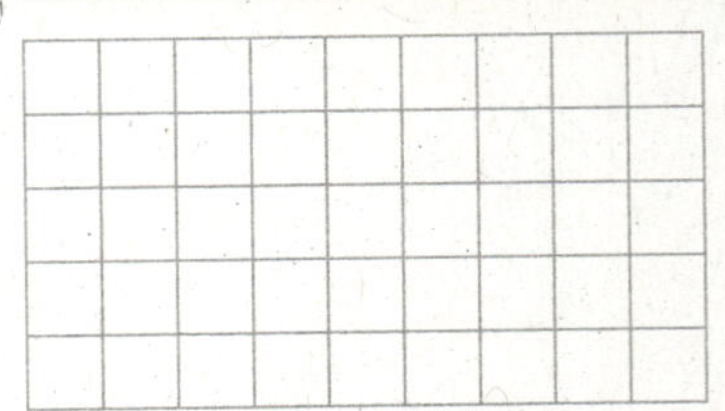

5. Im Kopf oder schriftlich? Trage die Ergebnisse ein.

a) 6 : 0,5 = ______ b) 7,29 : 0,9 = ______ c) 17,6 : 0,08 = ______

8 : 0,4 = ______ 2,08 : 0,2 = ______ 0,63 : 0,03 = ______

6. a)

Preis für 1 kg: ______

b) Trauben 1,2 kg 3,60 €

Preis für 1 kg: ______

c)

Kirschen 0,8 kg 5,20 €

Preis für 1 kg: ______

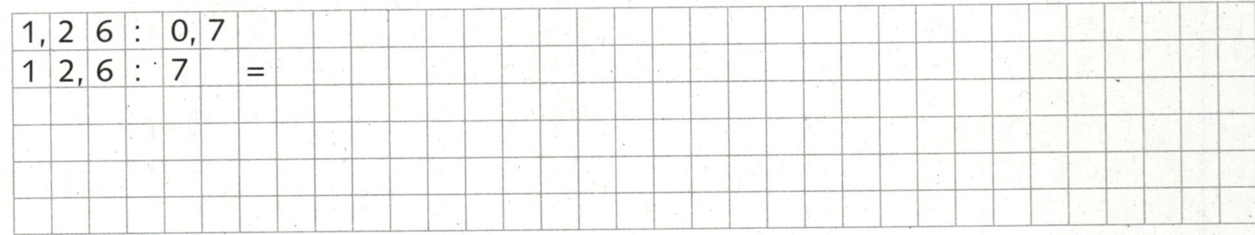

1. a) 134 cm = ______ m
28 cm = ______ m
2,04 m = ______ cm
4,5 m = ______ cm

b) 15 cm = ______ mm
2,3 cm = ______ mm
45 mm = ______ cm
1 203 mm = ______ cm

c) 1 503 m = ______ km
234 m = ______ km
8,5 km = ______ m
4,02 km = ______ m

2. Immer zwei Leisten sind zusammen 2 m lang. Färbe sie mit der gleichen Farbe.

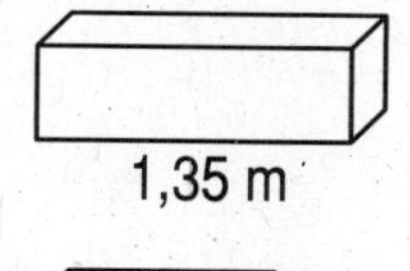
1,35 m

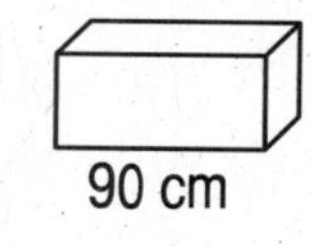
90 cm

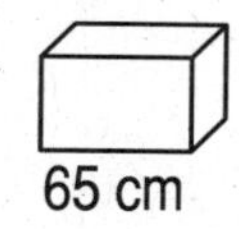
65 cm

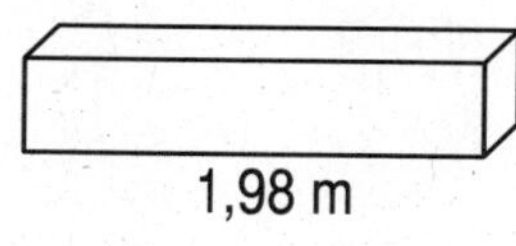
1,98 m

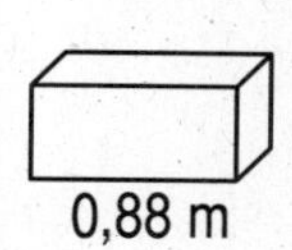
0,88 m

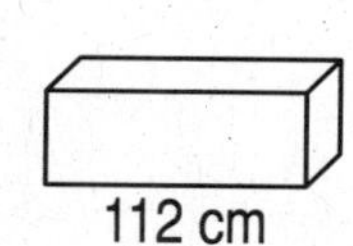
112 cm

2 cm

1,1 m

3. Vervollständige die Tabelle.

a)

1 kg 450 g		
1,450 kg		0,235 kg
	4 052 g	

b)

1 t 750 kg		
	0,875 t	
		1 650 kg

4. a) 400 g + ______ g = 1 kg
60 g + ______ g = 1 kg
0,8 kg + ______ g = 1 kg
0,25 kg + ______ g = 1 kg

b) 890 kg + ______ kg = 1 t
700 kg + ______ kg = 1 t
0,875 t + ______ kg = 1 t
0,75 t + ______ kg = 1 t

5. a) 1,500 kg + 500 g = ______ kg
3,600 kg + 150 g = ______ kg
4,700 kg + 550 g = ______ kg

b) 2,500 kg – 200 g = ______ kg
1,680 kg – 350 g = ______ kg
5,150 kg – 300 g = ______ kg

6. a) 3 Tage = ______ h
5 Tage = ______ h

b) 5 h = ______ min
3 h = ______ min

c) 10 min = ______ s
8 min = ______ s

7. Ergänze die fehlenden Angaben.

Abfahrt	7:10 Uhr	17:45 Uhr	10:30 Uhr	18:55 Uhr	15:47 Uhr	
Fahrzeit	35 min	40 min	1h 10 min			1 h 35 min
Ankunft				22 Uhr	19:59 Uhr	15:45 Uhr

8. a) 5 ℓ = ______ cm^3
0,3 ℓ = ______ cm^3
1 500 ℓ = ______ m^3

b) 2 800 cm^3 = ______ ℓ
550 cm^3 = ______ ℓ
930 cm^3 = ______ ℓ

c) 4 m^3 = ______ ℓ
0,7 m^3 = ______ ℓ
0,15 m^3 = ______ ℓ

1. Welcher Bruchteil ist gefärbt? Färbe im Hunderterfeld denselben Bruchteil.

a)

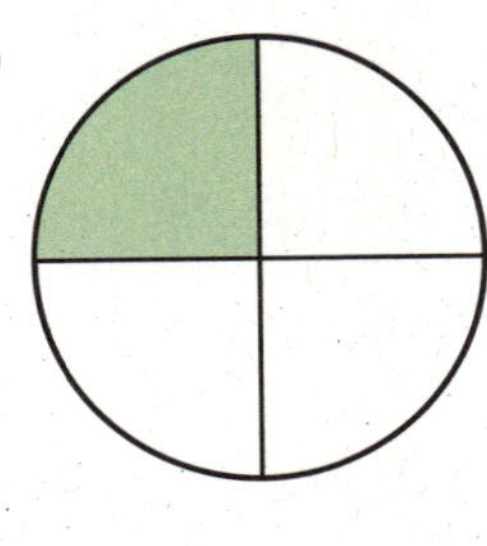

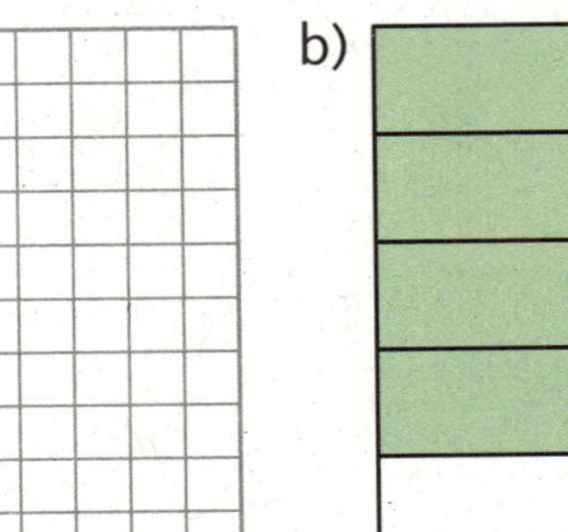

$\frac{\_\_}{\_\_} = \frac{\_\_}{100} =$ ______ %

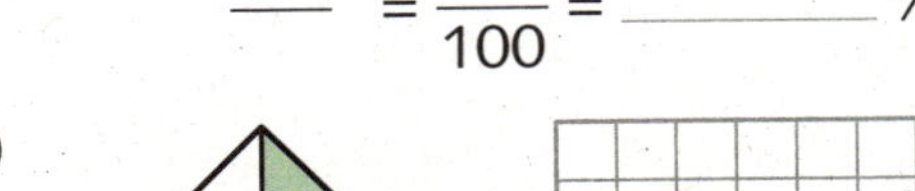

b)

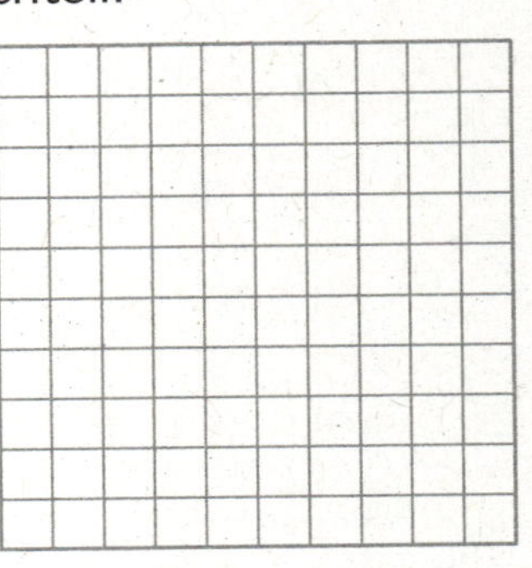

$\frac{\_\_}{\_\_} = \frac{\_\_}{100} =$ ______ %

c)

$\frac{\_\_}{\_\_} = \frac{\_\_}{100} =$ ______ %

d)

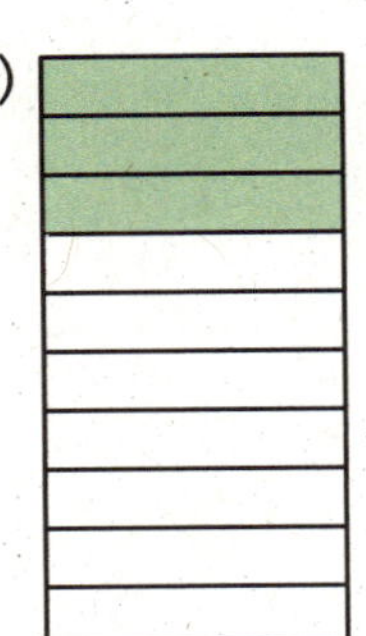

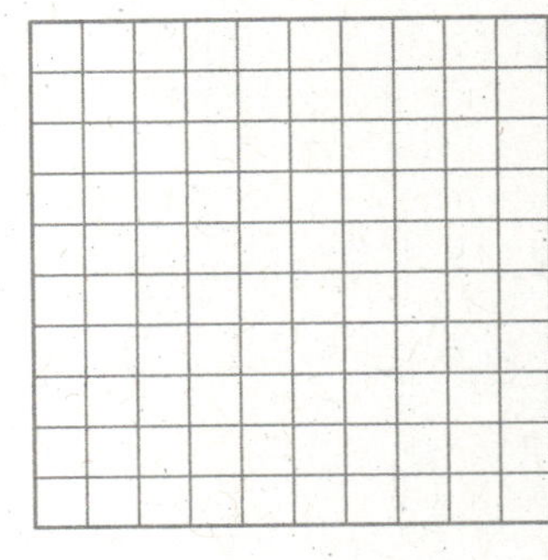

$\frac{\_\_}{\_\_} = \frac{\_\_}{100} =$ ______ %

2. Rechne im Kopf. a) 1 % von 800 m = ____ m b) 10 % von 7000 m = ____ m

3. Berechne den Prozentwert.

a) **6 % von 410 €**

%	€
100	410
1	
6	

______ €

b) **40 % von 2 300 Autos**

%	Autos

______ Autos

c) **12 % von 300 Kindern**

%	Kinder

______ Kinder

4. Berechne den ermäßigten Preis.

Alter Preis:
28 900 €
15 % Rabatt

%	€

Rabatt:

______ €

Emäßigter Preis:

______ €

1. Die gedachte Zahl im Zahlenrätsel findest du mit Hilfe einer Gleichung.

Ich denke mir eine Zahl, multipliziere sie mit 3, und addiere 7. Das Ergebnis ist 22.

x

$3x$

$3x + \_\_\_$

$3x + \_\_\_ = \_\_\_$

Gleichung: $3x + \_\_\_ = \_\_\_ \mid - \_\_\_$

Die gedachte Zahl ist __________

2. Löse das Zahlenrätsel mit Hilfe einer Gleichung.

a) Zum 12-Fachen einer Zahl wird 6 addiert. Das Ergebnis ist 42.

b) Vom 8-Fachen einer Zahl wird 60 subtrahiert. Das Ergebnis ist 4.

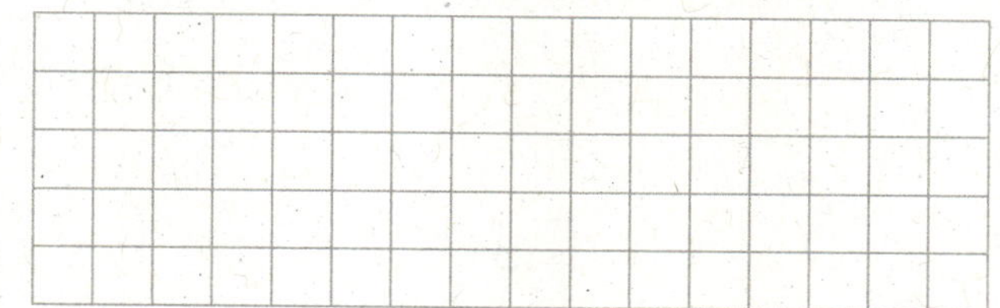

3. Löse die Gleichung. Mache die Probe.

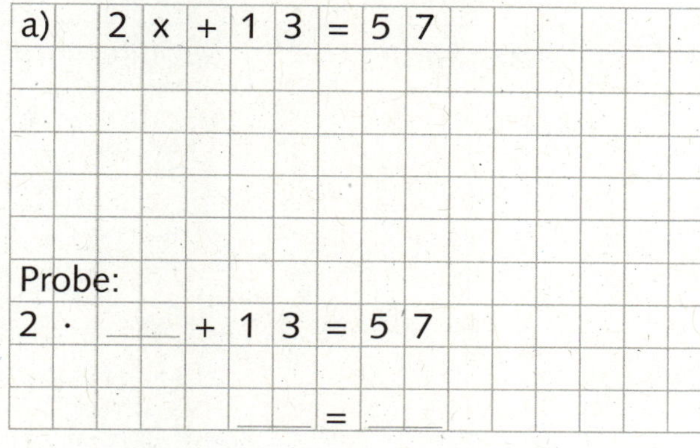

a) $2x + 13 = 57$

Probe:

$2 \cdot \_\_\_ + 13 = 57$

$\_\_\_ = \_\_\_$

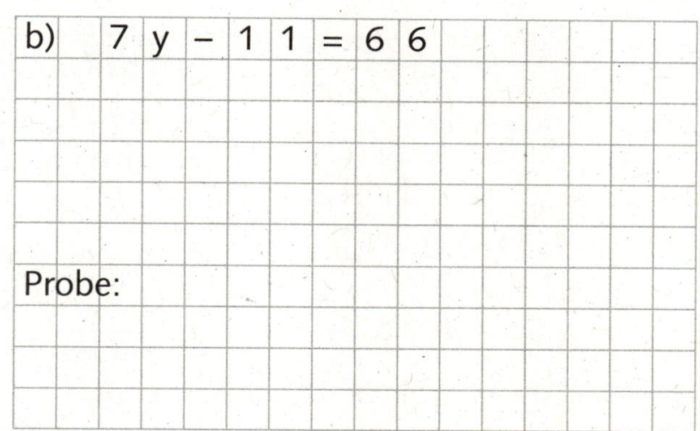

b) $7y - 11 = 66$

Probe:

4. Fasse zusammen, dann löse die Gleichung.

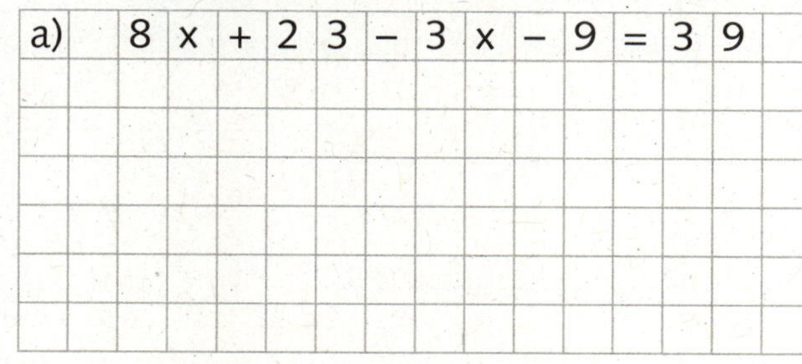

a) $8x + 23 - 3x - 9 = 39$

a) $34 - 4x + 6 + 8x = 64$

5. Hier steht x auf beiden Seiten der Gleichung. Löse die Gleichung durch Umformen.

a) $8x + 15 = 3x + 30$

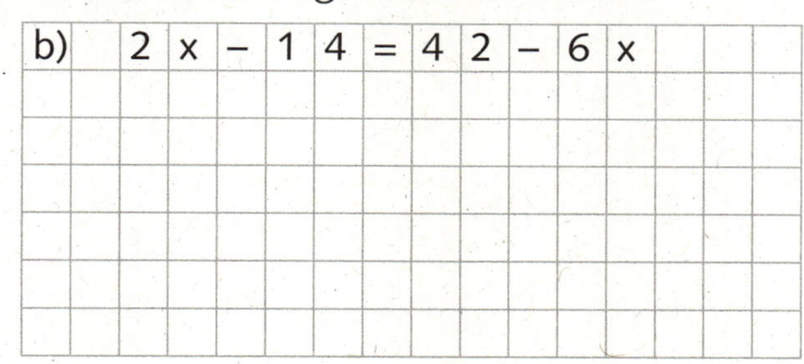

b) $2x - 14 = 42 - 6x$

1. Vervollständige die Tabelle und das zugehörige Schaubild.

Brötchen	
Anzahl	€
1	
2	1,00
3	1,50
4	
5	
6	
7	

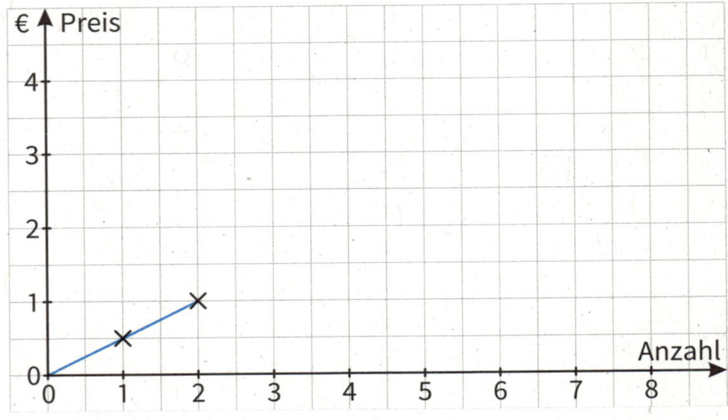

2. Berechne den fehlenden Preis.

a)

Brezel	
Anzahl	€
2	1,40
6	

b)

Mohnbrötchen	
Anzahl	€
3	1,80
6	

c)

Apfeltasche	
Anzahl	€
10	15,00
2	

d)

Baguette	
Anzahl	€
3	6,60
1	

3. a)

Croissant	
Anzahl	€
4	4,40
1	
7	

b)

Käsebrötchen	
Anzahl	€
2	1,40
1	
5	

c)

Bauernbrot	
Anzahl	€
5	15,50
1	
3	

d)

Vollkornbrot	
Anzahl	€
2	8,80
1	
3	

4. Vervollständige die Tabelle. Trage das Ergebnis ein.

a) Lohn für 3 Arbeitsstunden: 36 €
Lohn für 8 Arbeitsstunden: ________ €

Stunden	€

b) Lohn für 6 Arbeitsstunden: 90 €
Lohn für 5 Arbeitsstunden: ________ €

Stunden	€

5. Wie viel Minuten benötigen die sechs Jugendlichen für die Arbeit?

Personen	min
3	20
6	

Wir brauchen noch 20 Minuten.
Wir helfen euch, dann dauert es nur noch halb so lange.

A: ____________________

1. Je mehr Lkw für den Transport eingesetzt werden, desto weniger Fahrten muss jeder Lkw machen. Wie viele Fahrten muss jeder Lkw machen?

a)

Sand	
Lkw	Fahrten
3	10
6	

b)

Kies	
Lkw	Fahrten
4	8
2	

c)

Bauschutt	
Lkw	Fahrten
5	12
15	

d)

Torf	
Lkw	Fahrten
6	3
2	

2. Wie lange reicht das Futter für die Tiere?

a)

Löwen	Tage
4	6
1	
6	

b)

Lamas	Tage
3	12
1	
4	

c)

Zebras	Tage
2	9
1	
3	

d)

Robben	Tage
5	30
1	
3	

3. Ist die Zuordnung proportional (p) oder antiproportional (a) ? Kreuze an.

	p	a
a) Für das Schneiden der Bäume im Garten brauchen zwei Gärtner 3 Stunden. Wie viele Stunden brauchen drei Gärtner?		
b) Der Futtervorrat auf dem Reiterhof reicht für 12 Pferde 10 Tage lang. Wie lange reicht der Vorrat, wenn 8 Pferde zu füttern sind?		
c) Für eine 15 m² große Terrasse kosten die Fliesen 300 €. Wie viel Euro kosten die Fliesen für eine Terrasse von 12 m² Größe?		

4. Ist die Zuordnung proportional oder antiproportional? Trage ein, dann ergänze die Tabelle.

a)

Arbeitszeit	
Arbeiter	h
5	2
1	
2	

b)

Miete	
Monate	€
3	2400
1	
8	

c)

Eis	
Kugeln	€
4	3,20
1	
3	

d)

Transport	
Lkw	Fahrten
6	4
1	
8	

5. Wie viele Pumpen müssen eingesetzt werden, um das Wasser in 6 Stunden abzupumpen?

Pumpen	h

A: ______________________________

1. Ordne jeder Figur die richtige Formel für den Flächeninhalt und den Umfang zu.

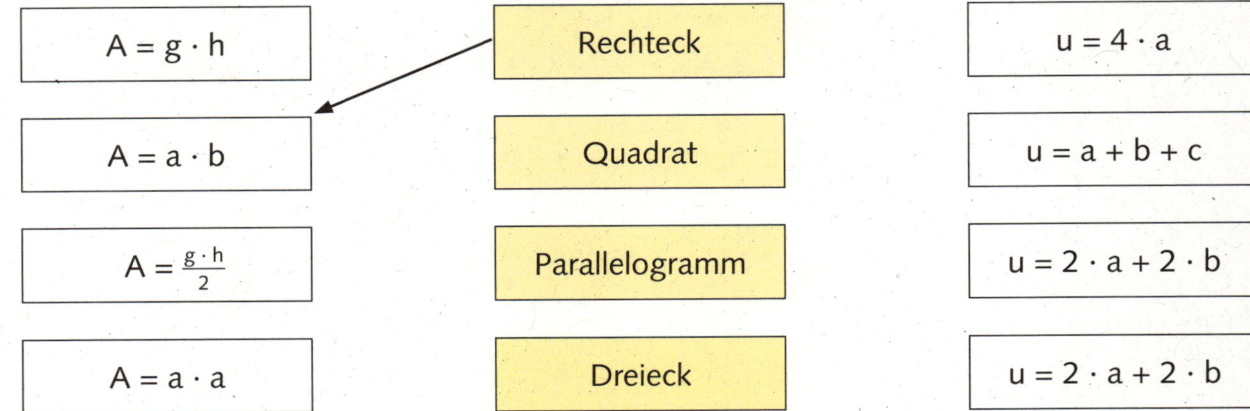

$A = g \cdot h$
Rechteck
$u = 4 \cdot a$
$A = a \cdot b$
Quadrat
$u = a + b + c$
$A = \frac{g \cdot h}{2}$
Parallelogramm
$u = 2 \cdot a + 2 \cdot b$
$A = a \cdot a$
Dreieck
$u = 2 \cdot a + 2 \cdot b$

2. Die Seiten eines Quadrats sind 8 cm lang. Wie groß ist der Flächeninhalt des Quadrats? Wie groß ist sein Umfang?

A: ____________________

3. Ergänze die fehlenden Maße. Berechne den Flächeninhalt und den Umfang.

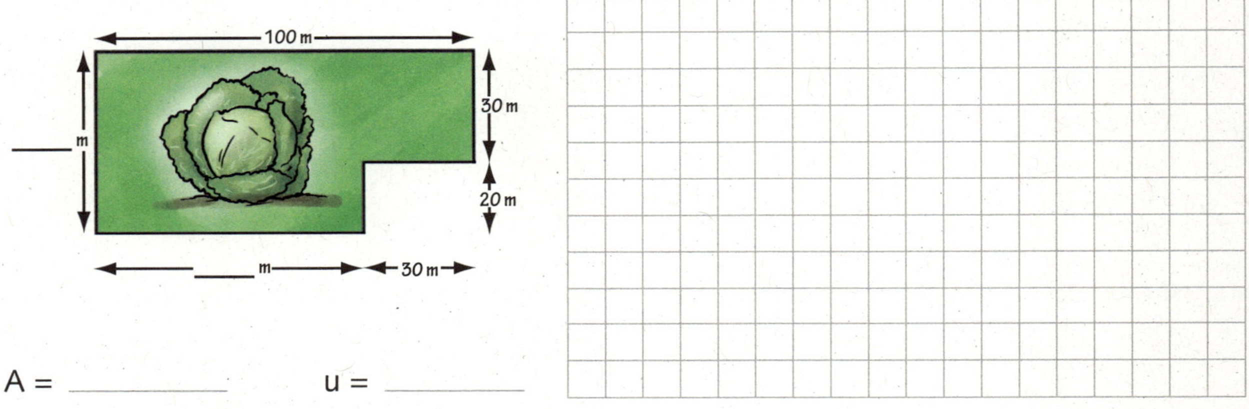

A = __________ u = __________

4. Zeichne die Höhe ein. Miss Grundseite und Höhe. Berechne den Flächeninhalt der Figur.

a) g = ___ cm, h = ___ cm b) g = ___ cm, h = ___ cm c) g = ___ cm, h = ___ cm

a)

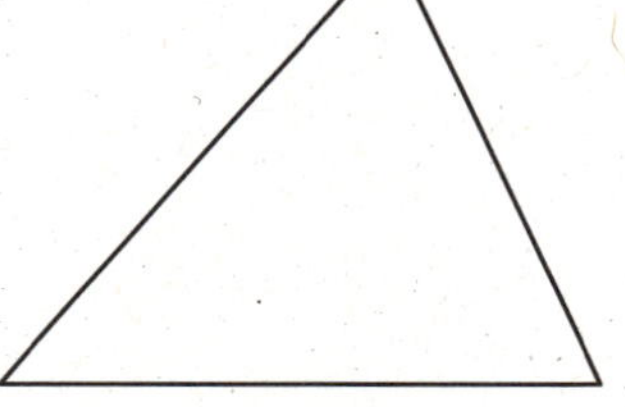

b)

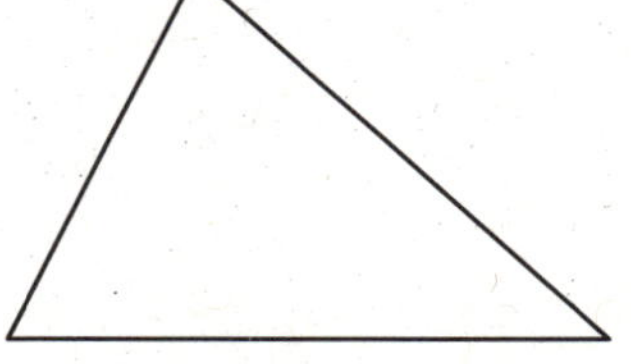

c)

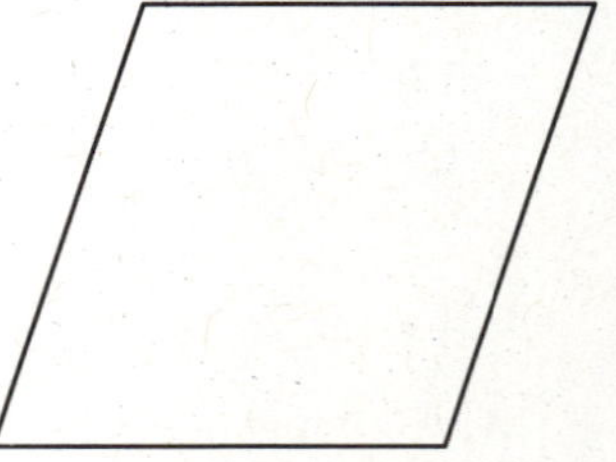

a)
A = ____________________
A = ____________________
A = ____________________

b)
A = ____________________
A = ____________________
A = ____________________

c)
A = ____________________
A = ____________________
A = ____________________

1. Für alle Prismen gilt die Formel $V = G \cdot h_k$ (Volumen = Grundfläche · Körperhöhe). Berechne das Volumen des Prismas.

a) 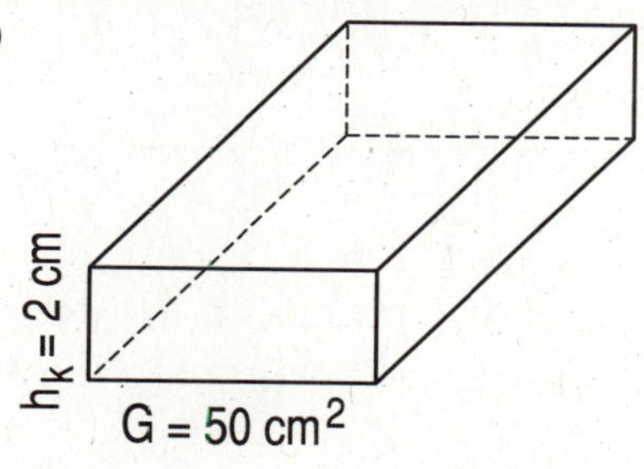

b) 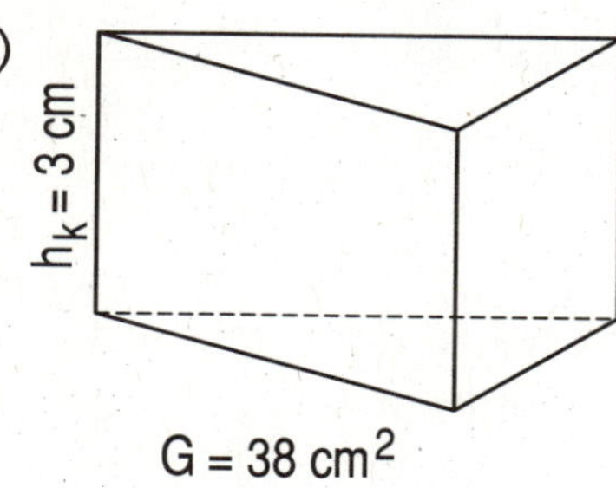

c) 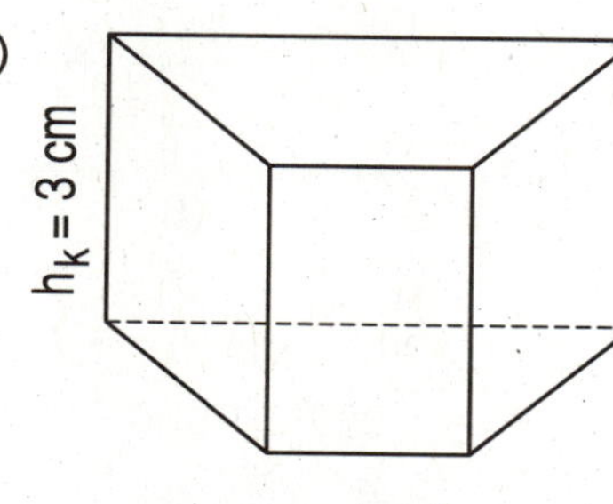

a) $V = G \cdot h_k$

$V =$ ____ $cm^2 \cdot$ ____ cm

$V =$ ____ cm^3

b) $V = G \cdot h_k$

$V =$ ____ $cm^2 \cdot$ ____ cm

$V =$ ____ cm^3

c) $V = G \cdot h_k$

$V =$ ____ $cm^2 \cdot$ ____ cm

$V =$ ____ cm^3

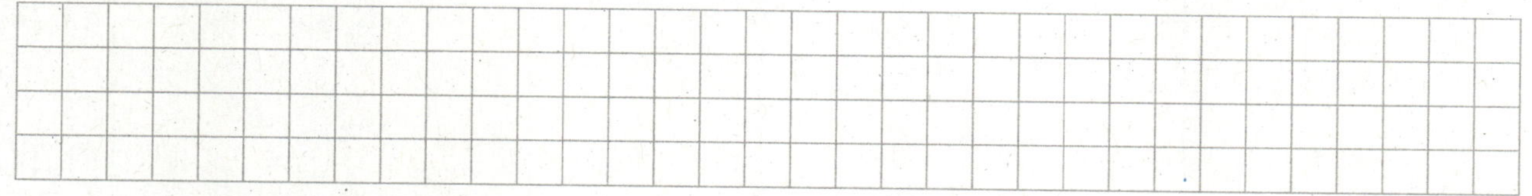

2. Berechne das Volumen und die Oberfläche des Quaders.

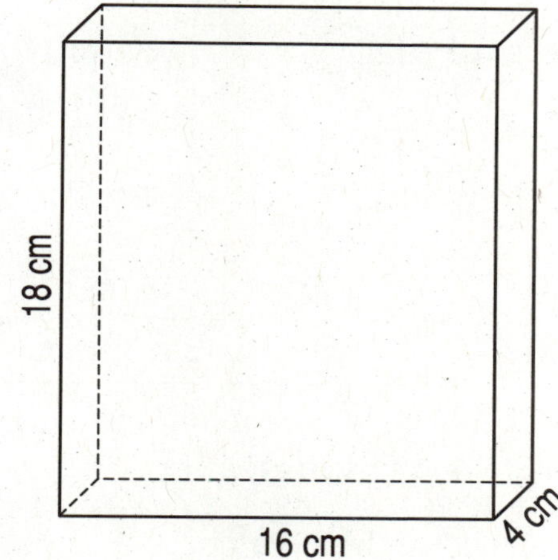

V = ____________________

V = ____________________

V = ____________________

O = ____________________

O = ____________________

O = ____________________

3. Berechne das Volumen der Packung.

a) 

b) 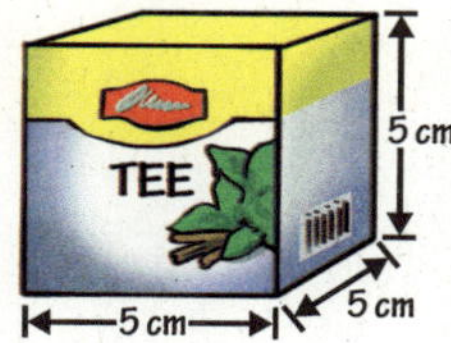

c) 

V = ____________________ V = ____________________ V = ____________________

1. Wie heißen die Zahlen?

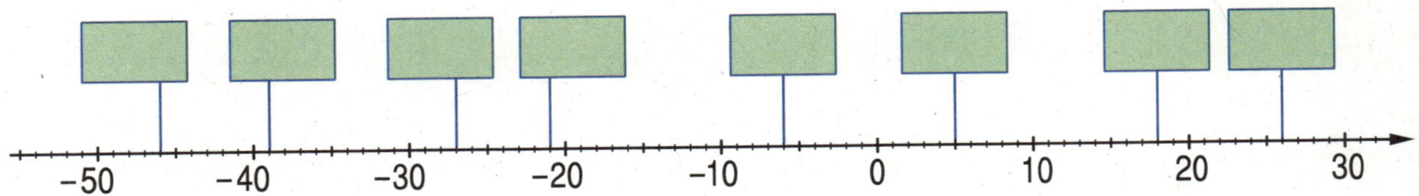

2. Ein Kaufhaus hat 5 Obergeschosse über dem Erdgeschoss und 4 Parkdecks darunter. Plus-Zeichen bedeuten Fahrstuhlfahrten nach oben, Minus-Zeichen Fahrten nach unten. Ergänze die Angaben.

Einstieg	Fahrstuhlfahrt	Ausstieg
2	– 3	
– 1	+ 4	
	+ 4	2
	– 2	1
5		– 4
2		– 3

3. Beachte, ob Geld ausgezahlt oder eingezahlt wird. Ergänze die fehlenden Geldbeträge.

a)

Kontostand (alt)	Auszahlung	Kontostand (neu)
50 €	20 €	
– 10 €	40 €	
20 €		– 10 €
15 €		– 25 €

b)

Kontostand (alt)	Einzahlung	Kontostand (neu)
34 €	16 €	
– 10 €	40 €	
40 €		60 €
– 30 €		50 €

4. Trage die Buchstaben bei den Lösungszahlen ein. Du erhältst ein Lösungswort.

a) – 3 + 8 = ______ I
2 – 7 = ______ S
1 – 9 = ______ U
– 4 + 5 = ______ E

b) – 10 – 10 = ______ P
20 – 30 = ______ M
– 30 + 15 = ______ O
13 – 14 = ______ I

c) – 12 + 15 = ______ R
18 – 18 = ______ K
12 – 24 = ______ P
– 10 + 18 = ______ N

– 20	– 15	– 12	– 10	– 8	– 5	– 1	0	1	3	5	8

5. Die Summe der Zahlen in zwei nebeneinander liegenden Steinen steht im Stein darüber.

a)

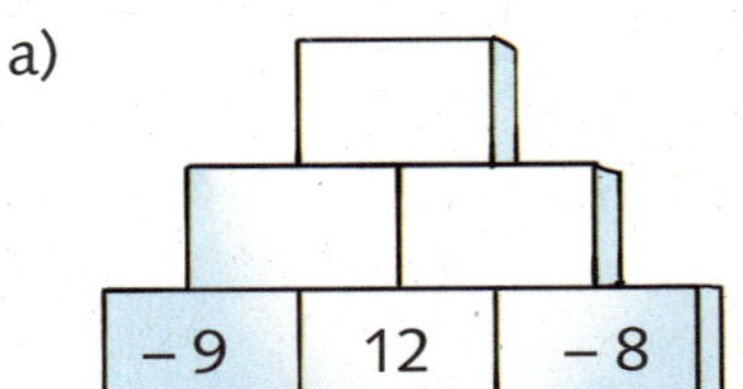

b)

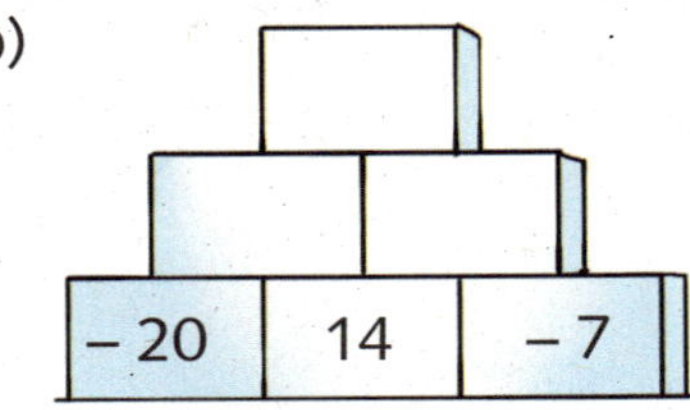

c)

Funktionen 2

1. Die Klasse 9b verkauft auf dem Schulfest Fruchtsaft nach eigenem Rezept.
Lies die Werte aus dem Schaubild ab und vervollständige die Tabelle.

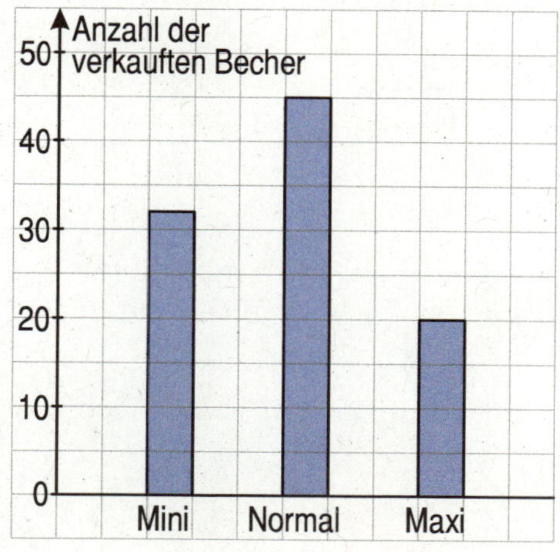

Größe	Mini	Normal	Maxi
Anzahl der Becher	32		
Einnahme in €	16		

2. Schreibe das Rezept um.

1 Liter Multi-Fruchtsaft
500 ml Apfelsaft
300 ml Birnensaft
200 ml Kirschsaft

a) **2 Liter Multi-Fruchtsaft**

Apfelsaft	______ ml
Birnensaft	______ ml
Kirschsaft	______ ml

b) **4 Liter Multi-Fruchtsaft**

Apfelsaft	______ ml
Birnensaft	______ ml
Kirschsaft	______ ml

3. Für das Schulfest müssen viele Hinweisschilder aufgestellt werden. Je mehr Personen mithelfen, desto weniger Zeit wird benötigt.
a) Vervollständige die Tabelle.
b) Markiere die Werte der Tabelle im Schaubild.

Arbeitsdauer

Personen	min
1	60
3	20
4	
	12
	10

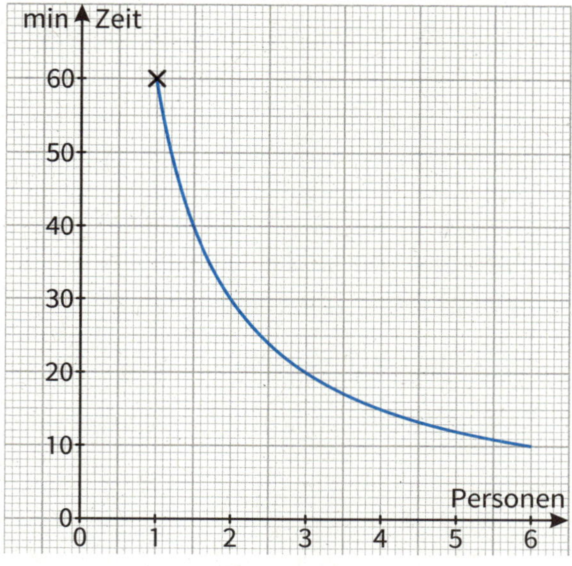

1. Fünf Äpfel kosten zusammen 2 €. Herr Kreutz kauft 10 Äpfel.

F: ____________________

A: ____________________

2. Berechne den fehlenden Preis.

a)

Kirschen	
kg	€
2	6,00
8	

b)

Birnen	
Anzahl	€
3	1,20
9	

c)

Tomaten	
Anzahl	€
6	1,50
2	

d)

Kiwi	
Anzahl	€
8	2,80
2	

3. Vier Gurken kosten 3,20 €.
Wie teuer sind 3 Gurken?

Anzahl	€
4	3,20
1	
3	

A: ____________________

4. Wie viel Euro bezahlen die Kunden?

a) 2 Riesen-Kürbisse 9 €

Anzahl	€
2	9
1	
3	

b) 5 kg Kartoffeln 20 €

kg	€

c) 2 kg Zwiebeln 5 €

kg	€

5. Vervollständige die Tabelle.

a) Preis für 10 Paprika: 3,90 €

Preis für 4 Paprika: ______ €

Anzahl	€
10	
1	
4	

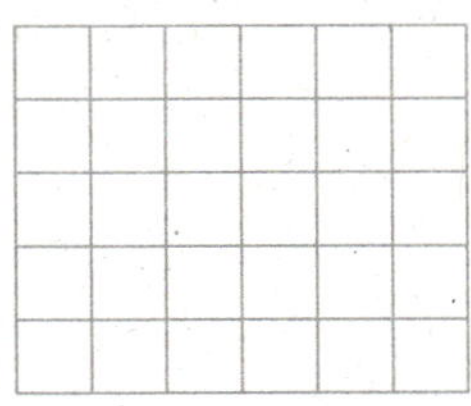

b) Preis für 2 Tomaten: 0,70 €

Preis für 5 Tomaten: ______ €

Anzahl	€

Die Dichte gibt in Gramm (g) an, wie viel 1 cm³ wiegt.

1. Warum neigt sich die Balkenwaage?

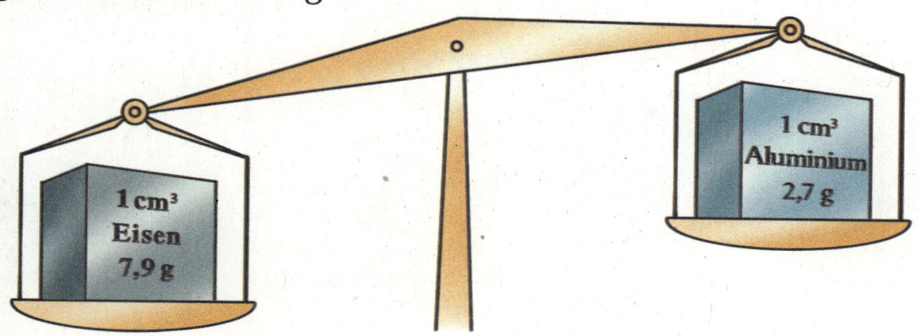

A: ______________________________

2. Berechne das fehlende Gewicht.

a)

Kupfer	
cm³	g
1	8,9
5	

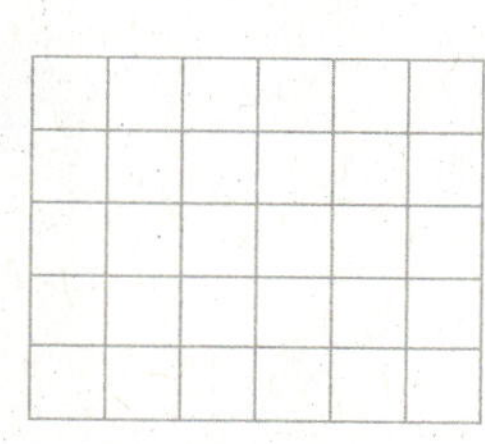

b)

Gold	
cm³	g
1	19,3
5	

c)

Platin	
cm³	g
1	21,4
6	

d)

Eisen	
cm³	g
1	7,9
12	

3. Im Kopf oder schriftlich?

a)

Silber	
cm³	g
2	21
1	
3	

b)

Zink	
cm³	g
5	35,5
1	
3	

c)

Blei	
cm³	g
10	113
1	
3	

4. Ein cm³ Wasser wiegt 1 g. Wie viel Gramm wiegt 1 ℓ Wasser?

A: ______________________________

5. Ein Eiswürfel mit dem Volumen 4 cm³ wiegt 3,6 g. Wie viel Gramm wiegt 1 cm³ Eis?

A: ______________________________

Weg, Zeit, Geschwindigkeit

1. Wie viel Kilometer werden in einer Stunde zurückgelegt?

a)

h	km
2	10
1	

b)

48 km in
3 Stunden

h	km
3	
1	

c)

320 km in
4 Stunden

h	km

2. a) In 2 Stunden fährt Jan mit dem Fahrrad 39 Kilometer weit.
F: Wie viel Kilometer legt er pro Stunde zurück?

A: ______________________

h	km

b) In einer halben Stunde fährt Iman mit Rollschuhen 9 km weit.
F: Wie viel Kilometer würde sie in einer Stunde fahren?

A: ______________________

h	km

c) Wer fährt mit höherer Geschwindigkeit: Jan oder Iman?

A: ______________________

3. Im Kopf oder schriftlich?

a)

Lkw	
h	km
2	130
1	
3	

b)

Pkw	
h	km
4	300
1	
3	

c)

Motorrad	
h	km
3	315
1	
5	

4. Frau Arp legt in einer Stunde 80 km zurück. Wie weit fährt sie in einer halben Stunde?

A: ______________________

1. Am Montag haben 6 Lkw Baustoffe transportiert. Jeder Lkw musste zweimal fahren. Am Dienstag stehen für den gleichen Transport nur 2 Lkw bereit.
F: Wie oft muss jeder Lkw fahren?

Lkw	Fahrten

: ___ · ___

A: ______________________________

2. Wie viele Fahrten sind nötig?

a)

Holz	
Lkw	Fahrten
3	2
1	

b)

Steine	
Lkw	Fahrten
4	3
2	

c)

Kies	
Lkw	Fahrten
3	6
9	

3. Wie oft muss jeder Lkw fahren?

Bei 3 Lkw muss jeder viermal fahren.
Wir haben aber nur 2 Lkw.
Lager

Lkw	Fahrten
3	4
1	
2	

A: ______________________________

4. Wie viele Fahrten sind notwendig?.

a) Bei 2 Lkw 6 Fahrten

Ich habe 3 Lkw.

Lkw	Fahrten

b) Bei 5 Lkw 12 Fahrten

Ich habe 4 Lkw.

Lkw	Fahrten

c) Bei 4 Lkw 9 Fahrten

Ich habe 3 Lkw.

Lkw	Fahrten

5. Wie viele Fahrten sind nötig? Löse mit einer Tabelle.

a) 4 Lkw: 15 Fahrten
6 Lkw: ___ Fahrten

b) 5 Lkw: 12 Fahrten
3 Lkw: ___ Fahrten

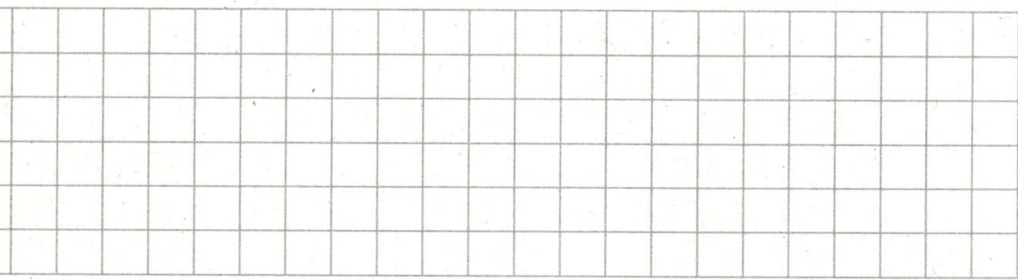

1. Ist die Zuordnung proportional oder antiproportional?
Trage ein, dann ergänze die fehlenden Werte in der Tabelle.

a)

Kosten	
Fahrten	€
3	9,60
1	
2	

b)

Arbeitszeit	
Handwerker	h
3	8
1	
4	

c)

Benzinverbrauch	
km	ℓ
200	12
100	
500	

2. Ein cm^3 Silber wiegt 10,5 g. Ein cm^3 Gold wiegt 19,3 g. Welches Armband ist schwerer?

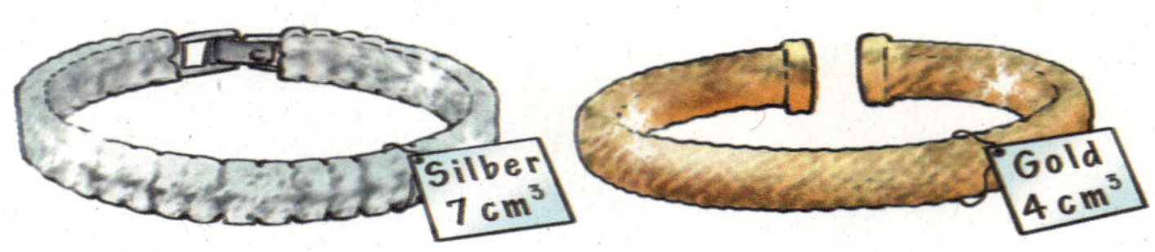

A:

3. Wie viele Bagger braucht man, um die Arbeit nach 6 Stunden zu beenden?

Bagger	h

A:

4. Frau Kohnen fährt in 3 Stunden insgesamt 210 Kilometer.
F: Wie viel Kilometer fährt sie pro Stunde?

A:

5. Für die Vorbereitung des Schulfests wird an 5 Tagen je 6 Stunden lang gearbeitet.
Für das Aufbauen und Bestücken der Stände braucht eine Person 30 Stunden.
a) Vervollständige die Tabellen.
b) Eine der Tabellen gehört zu einer proportionalen Zuordnung.
Erstelle dazu das Schaubild.

Tage	**h**
1	6
2	12
3	
4	
5	

Personen	**h**
1	30
2	15
3	
4	
5	

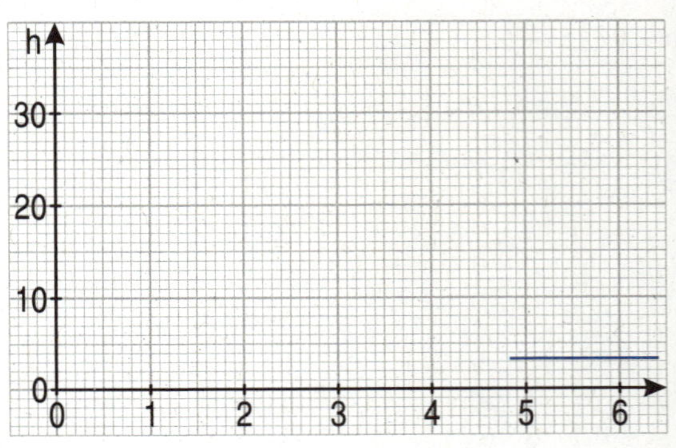

1. Welcher Text passt zum Schaubild? Ordne zu.

(1) Die Temperatur steigt zuerst, dann sinkt sie.

(2) Je mehr Maschinen, desto weniger Zeit.

(3) Je mehr Material, desto höher die Kosten.

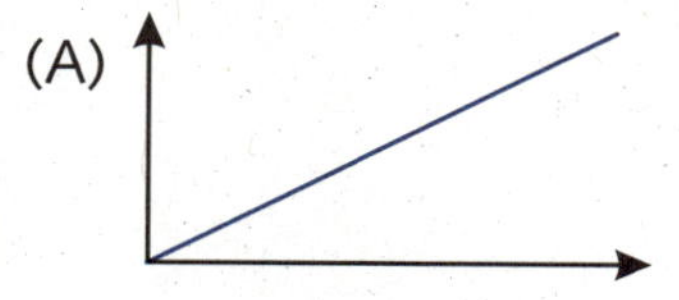

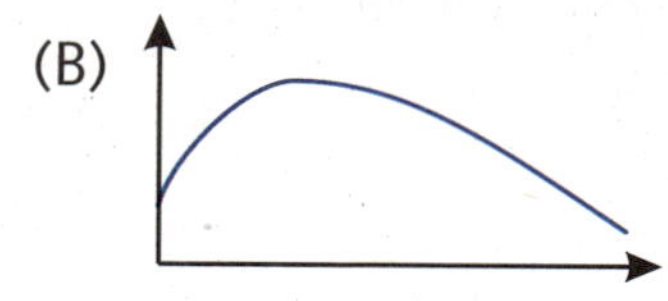

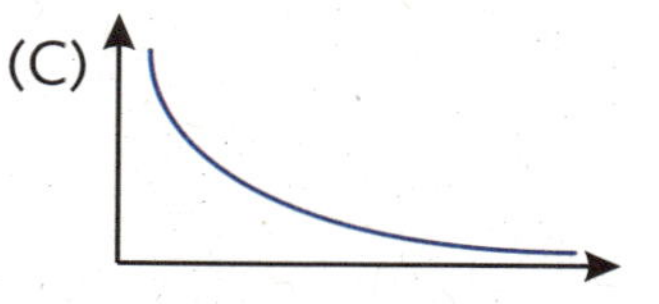

Text 1 passt zu ____________, Text 2 passt zu ____________, Text 3 passt zu ____________.

2. Die Kerzen brennen gleichmäßig ab. In den Schaubildern ist die Zuordnung Zeit ⟶ Kerzenhöhe dargestellt. Schreibe unter jedes Schaubild die Nummer der zugehörigen Kerze.

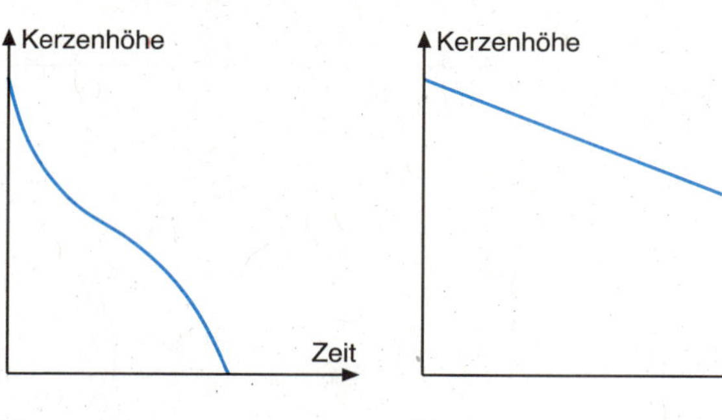

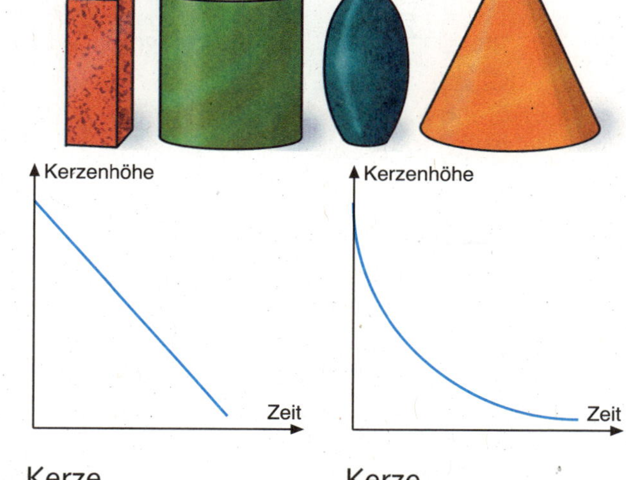

Kerze ____________ Kerze ____________ Kerze ____________ Kerze ____________

3. Wasser läuft gleichmäßig in die Gläser. Der Füllvorgang wird jeweils durch ein Schaubild beschrieben. Schreibe unter jedes Schaubild die Nummer des zugehörigen Glases.

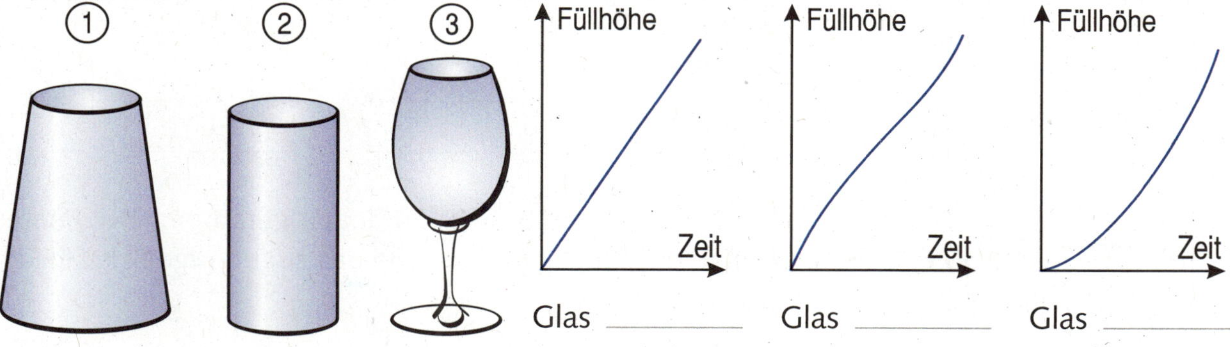

Glas ____________ Glas ____________ Glas ____________

4. Lies Wassermenge und Wasserstand im Schaubild ab und übertrage sie in die Tabelle.

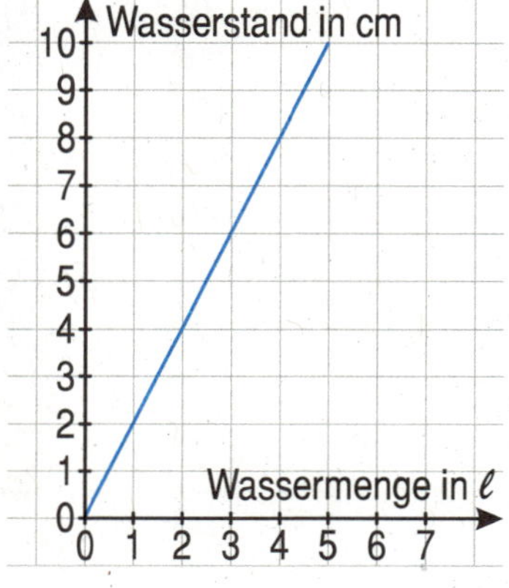

Wassermenge	Wasserstand
1	2
2	4
3	

1. Ein Aquarium wird gereinigt. 20 ℓ Wasser bleiben im Becken, der Rest wird ausgetauscht. In einer Minute werden 5 ℓ Wasser hinzugefüllt.

a) Vervollständige die Tabelle und das Schaubild.

Wassermenge	
min	ℓ
0	20
1	25
2	30
3	
4	
5	
6	
7	
8	

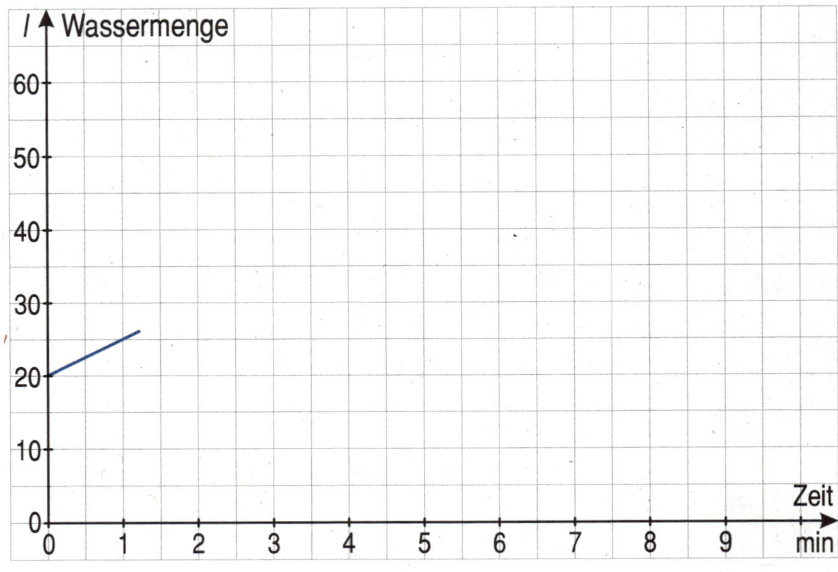

b) Wie viel Liter Wasser sind nach 10 Minuten im Aquarium?

A: ______________________

2. Wasser fließt gleichmäßig in ein Aquarium. Vervollständige die Tabelle.

a)

Wassermenge	
min	ℓ
0	30
1	36
2	42
3	

b)

Wassermenge	
min	ℓ
0	50
1	60
2	70
10	

c)

Wassermenge	
min	ℓ
0	40
1	45
2	50
4	

3. Ein Taxibetrieb erhebt eine Anfahrtsgebühr von 3,00 €. Für jeden gefahrenen Kilometer berechnet er 1,50 €. Vervollständige die Tabelle und erstelle das zugehörige Schaubild.

Kosten	
km	€
0	3,00
1	4,50
2	6,00
3	7,50
4	
5	
6	
7	

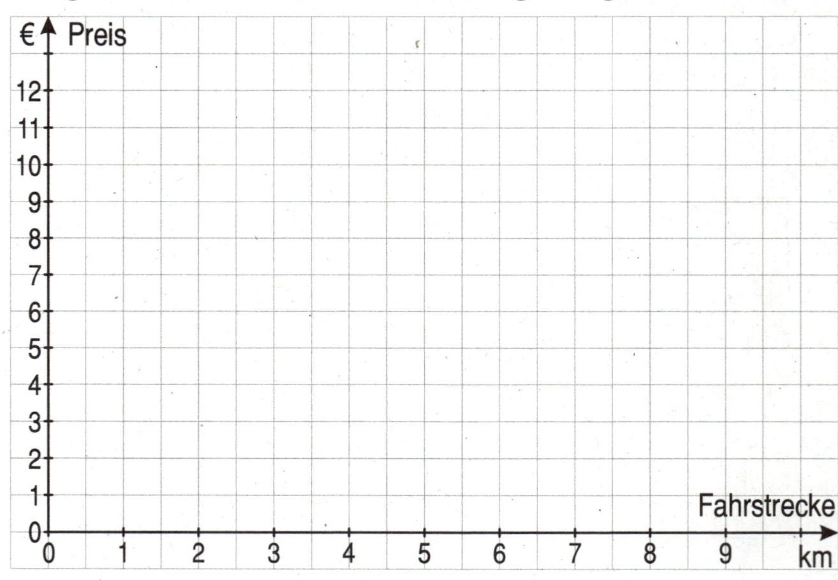

1. Ein Becken enthält 160 m³ Wasser. In jeder Stunde wird gleich viel Wasser abgepumpt. Lies im Schaubild ab, wie viel m³ Wasser noch im Becken sind. Vervollständige die Tabelle.

Wassermenge	
h	m³
0	160
1	140
2	
3	
4	
5	
6	
7	
8	

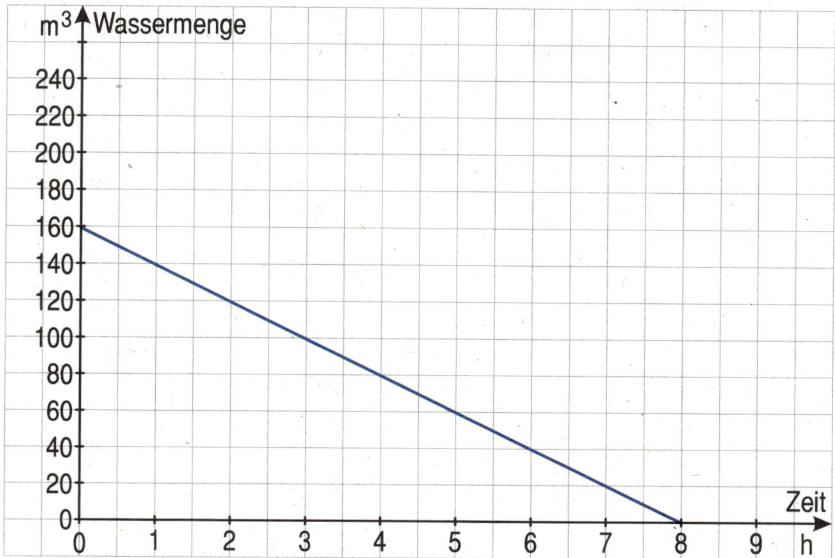

2. Ein Wasserbecken enthält 300 m³ Wasser. Zum Leeren des Beckens wird in jeder Stunde gleich viel Wasser abgepumpt. Vervollständige die Tabelle und das Schaubild.

Wassermenge	
h	m³
0	300
1	250
2	200
3	
4	100
5	
6	

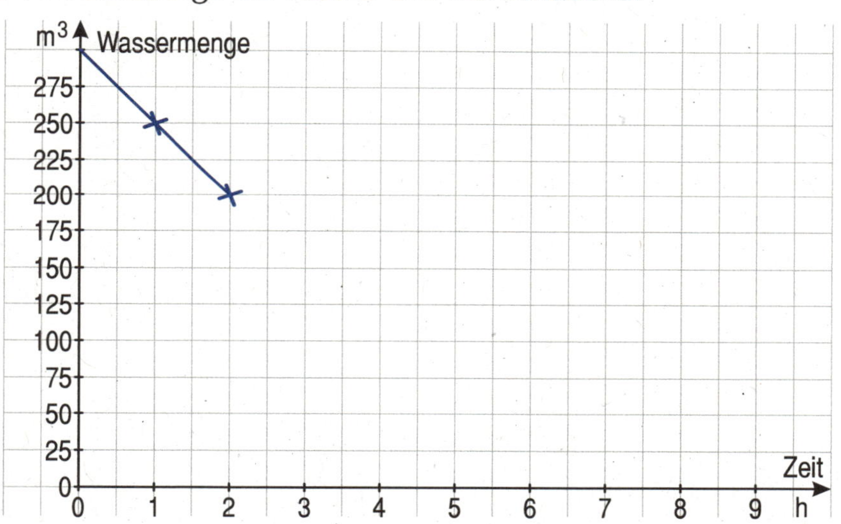

3. Zu jedem Schaubild gehört ein Text. Ordne zu.

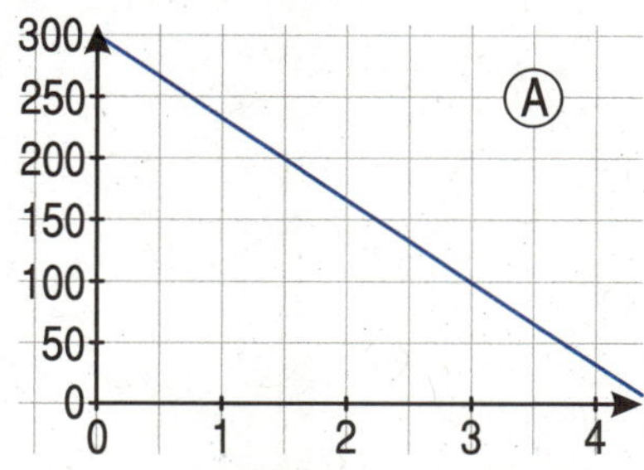

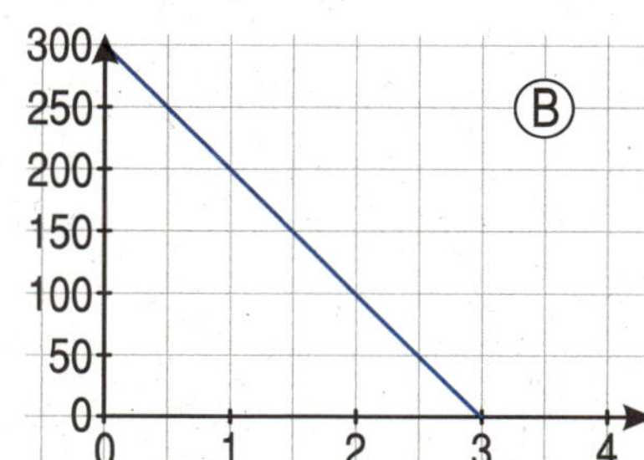

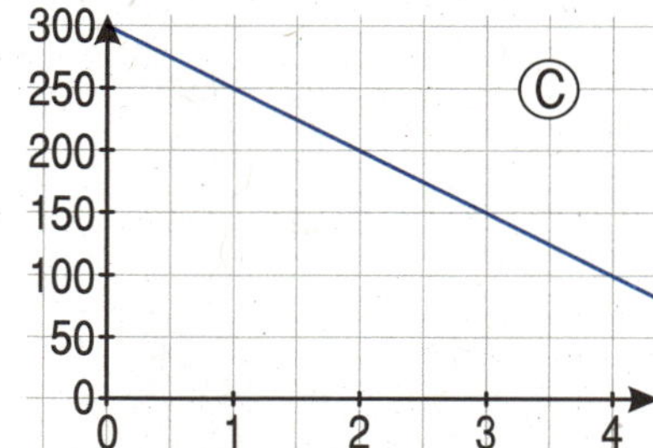

In einem Tank sind 300 ℓ Wasser. Nach 4 Tagen sind noch 100 ℓ Wasser im Tank.

Gehört zu Schaubild ____

Ein Öltank mit 300 m³ Öl wird leer gepumpt. Nach 3 Stunden sind noch 100 m³ Öl im Tank.

Gehört zu Schaubild ____

Ein Zoo hat einen Vorrat von 300 kg Kraftfutter. Nach 3 Wochen ist der Vorrat aufgebraucht.

Gehört zu Schaubild ____

1. Vervollständige die Tabelle.

a) Preis für 5 Rosen: 3,00 €

Preis für 4 Rosen: ______ €

Anzahl	€
5	
1	
4	

b) Preis für 3 Tulpen: 1,20 €

Preis für 4 Tulpen: ______ €

Anzahl	€

2. In 2 Stunden fährt Frau Mull mit dem Auto 170 Kilometer weit.
F: Wie viel Kilometer fährt sie pro Stunde?

A: ______________________________

h	km

3. Wie viele Fahrten sind nötig? Löse mit einer Tabelle.

a) 3 Lkw: 8 Fahrten
2 Lkw: ___ Fahrten

b) 4 Lkw: 6 Fahrten
6 Lkw: ___ Fahrten

c) 7 Lkw: 10 Fahrten
5 Lkw: ___ Fahrten

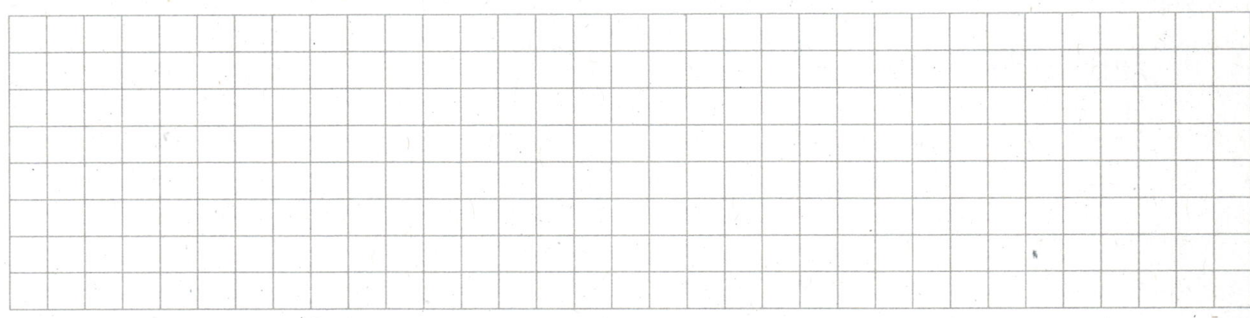

4. Ein Taxiunternehmer erhebt eine Anfahrtsgebühr von 2,50 €. Für jeden gefahrenen Kilometer berechnet er 1,50 €.
Vervollständige die Tabelle und das zugehörige Schaubild.

Kosten	
km	€
0	2,50
1	4,00
2	
3	
4	8,50
5	10,00
6	
7	
8	
9	

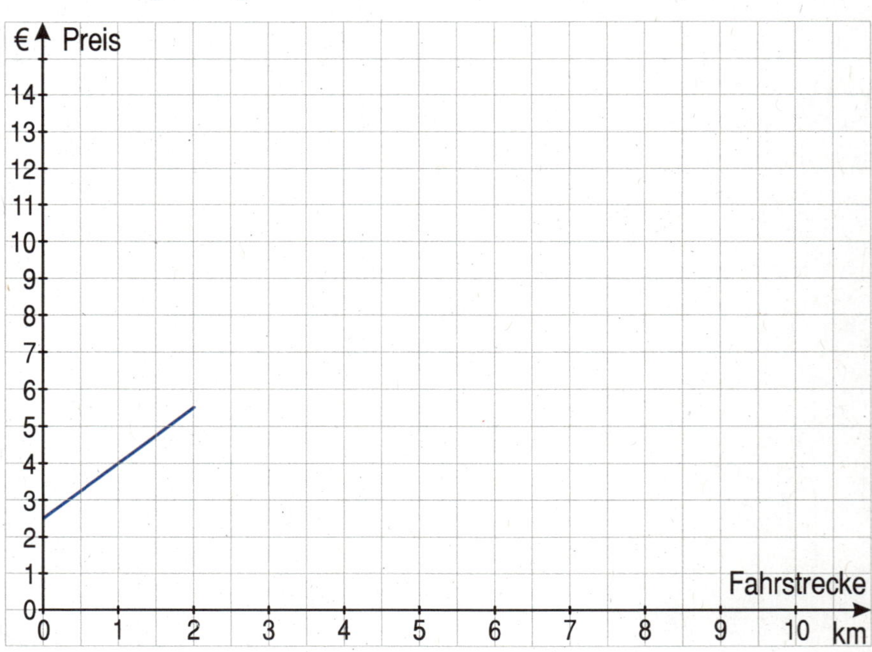

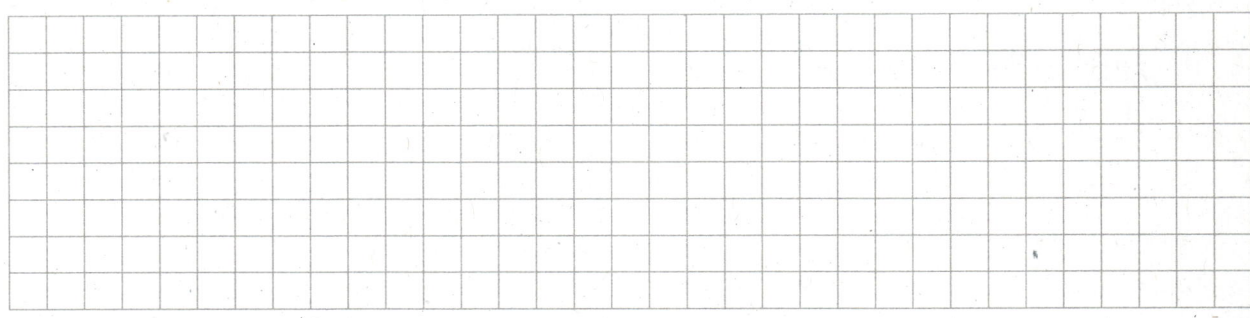

Potenzen und Wurzeln

1. Jan möchte sein Taschengeld aufbessern. Er hilft seinen Eltern bei der Gartenarbeit. Für die Bezahlung macht er einen merkwürdigen Vorschlag: Am 1. Tag möchte er 2 Cent Lohn bekommen, danach an jedem weiteren Tag doppelt so viel wie am Vortag.

	1. Tag	2. Tag	3. Tag	4. Tag	5. Tag
Lohn in Cent	2	$2 \cdot 2 =$	$2 \cdot 2 \cdot 2 =$		

a) Vervollständige die Tabelle.
b) Wie viel Cent bekommt Jan am 7. Tag? Vervollständige Rechnung und Kurzform.

$2 \cdot 2 \cdot 2 \cdot$ ______________ = ______ Kurzform: $2^7 =$ ______

A: ______________________________________

Ein Produkt aus gleichen Zahlen kann man kurz als Potenz schreiben.

$\underbrace{3 \cdot 3 \cdot 3 \cdot 3 \cdot 3 \cdot 3 \cdot 3 \cdot 3}_{\text{8-mal die gleiche Zahl}} = 3^8$ ← Hochzahl

Man sagt: „3 hoch 8"

2. Schreibe als Potenz.

a) $5 \cdot 5 \cdot 5 \cdot 5 =$ ______ b) $3 \cdot 3 \cdot 3 \cdot 3 \cdot 3 =$ ______ c) $7 \cdot 7 \cdot 7 \cdot 7 \cdot 7 \cdot 7 \cdot 7 =$ ______

d) $2 \cdot 2 \cdot 2 \cdot 2 \cdot 2 \cdot 2 \cdot 2 \cdot 2 \cdot 2 \cdot 2 =$ ______ e) $10 \cdot 10 \cdot 10 =$ ______ f) $8 \cdot 8 \cdot 8 =$ ______

3. Schreibe die Potenz ausführlich und berechne.

a) $3^3 =$ ____ · ____ · ____ = ______ b) $2^4 =$ ______________ = ______

c) $4^2 =$ ______________ = ______ d) $5^3 =$ ______________ = ______

4. a) Berechne. $3^2 =$ ________ = ______ ; $2^3 =$ ________ = ______ ; $3 \cdot 2 =$ ______
b) Kreuze die wahren Aussagen an.

2^3 ist größer als $2 \cdot 3$

Sibel ☐

3^2 gleich 2^3

Artur ☐

2^3 ist kleiner als 3^2

Laura ☐

5. Berechne.

$4 \cdot 3 =$ ______ ; $4^3 =$ ______________ ; $3^4 =$ ______________

6. Bei diesen Potenzen musst du nicht rechnen.

a) $1^5 =$ ______ b) $1^{10} =$ ______ c) $0^7 =$ ______ d) $9^1 =$ ______

1. Vervollständige die Tabelle.

Potenz	3^2		2^4	7^2		10^2
Produkt		$4 \cdot 4 \cdot 4$			$5 \cdot 5 \cdot 5$	
Ergebnis						

2. Kleiner, größer oder gleich? Berechne, dann setze ein: <, > oder =

a) $6 \cdot 2$ ☐ 2^6 b) $3 \cdot 4$ ☐ 3^4 c) $1 \cdot 5$ ☐ 1^5 d) 5^2 ☐ 2^5

12 ___ ___ ___ ___ ___ ___ ___

3. Hier kannst du ohne Rechnung entscheiden. Setze ein: <, > oder =

a) $3 \cdot 2$ ☐ 3^2 b) $3 \cdot 3$ ☐ 3^3 c) $2 \cdot 2$ ☐ 2^2 d) 10^2 ☐ 5^2

4. Was gehört zusammen? Färbe jeweils mit der gleichen Farbe.

$5 + 5 + 5 + 5$	$4 \cdot 4 \cdot 4 \cdot 4 \cdot 4$	$3 \cdot 3 \cdot 3 \cdot 3$	$5 \cdot 5 \cdot 5 \cdot 5$	$4 + 4 + 4$
3^4	$4 \cdot 5$	5^4	$3 \cdot 4$	4^5

5. Die Hochzahl kannst du durch Probieren bestimmen. Trage sie ein.

a) $4 = 2^{\square}$ b) $27 = 3^{\square}$ c) $16 = 4^{\square}$ d) $16 = 2^{\square}$ e) $100 = 10^{\square}$

f) $8 = 2^{\square}$ g) $25 = 5^{\square}$ h) $36 = 6^{\square}$ i) $32 = 2^{\square}$ j) $1\,000 = 10^{\square}$

6. Die Hochzahl ist angegeben. Wie heißt die fehlende Zahl?

a) $\square^2 = 81$ b) $\square^2 = 49$ c) $\square^3 = 8$ d) $\square^2 = 16$ e) $\square^4 = 16$

7. Kreuze die wahren Aussagen an. Du kannst ohne Rechnung entscheiden.

2^2 ist das Doppelte von 2.

5^3 ist das Fünffache von 5^2.

3^2 ist das Doppelte von 3.

Luca ☐

Lola ☐

Bert ☐

1. Schreibe als Produkt und rechne aus.

a) $10^2 = 10 \cdot 10$ = ______ b) 10^3 = ______ = ______

c) 10^4 = ______ = ______ d) 10^5 = ______ = ______

Bei einer Zehnerpotenz gibt die Hochzahl die Anzahl der Nullen an.
$10^3 = 1\,000$ $10^8 = 100\,000\,000$

2. Vervollständige die Tabelle.

zehn hoch sechs …
eine Eins mit 6 Nullen

Zehnerpotenz	Zahl	Zahlwort
10^3	1 000	Tausend
10^6		Million
	1 000 000 000	Milliarde
10^{12}		Billion

3. Schreibe die Zehnerpotenz als Zahl.

a) 10^4 = ______ b) 10^2 = ______ c) 10^5 = ______

d) 10^3 = ______ e) 10^6 = ______ f) 10^7 = ______

4. Schreibe die Zahl als Zehnerpotenz.

a) 10 000 = ____ b) 1 000 000 = ____ c) 100 000 = ____ d) 10 000 000 = ____

5. Schreibe mit einer Zehnerpotenz.

a) $30\,000 = 3 \cdot 10\,000 = 3 \cdot 10^{\square}$ b) $500\,000 = 5 \cdot$ ______ $= 5 \cdot$ ______

c) 7 000 000 = ______ = ______ d) 8 000 = ______ = ______

6. Immer drei Karten gehören zusammen. Färbe sie mit der gleichen Farbe.

200	20 000	2 000 000 000	2 000 000
Zwanzigtausend	2 Millionen	Zweihundert	2 Milliarden
$2 \cdot 10^6$	$2 \cdot 10^9$	$2 \cdot 10^4$	$2 \cdot 10^2$

7. Ergänze die Hochzahl.

a)

Der Umfang
der Erde beträgt
40 000 km.

Das sind $4 \cdot 10^{\square}$ km.

b)

Auf der
Erde leben mehr
als 7 Milliarden
Menschen.

Das sind $7 \cdot 10^{\square}$ Menschen.

c)

Das Meer
ist an manchen
Stellen
10 000 m tief.

Das sind $10^{\square}$ m.

1. Alle Figuren in dieser Reihe sollen in gleiche kleine Quadrate eingeteilt sein.

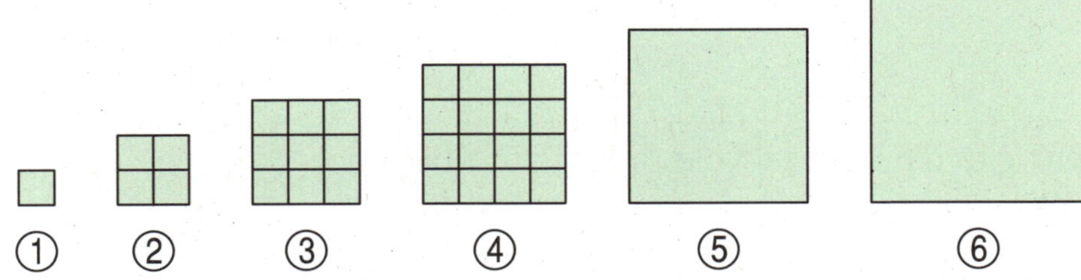

a) Trage in die Tabelle ein, wie viele kleine Quadrate jede Figur enthält.

Nummer der Figur	1	2	3	4	5	6
Anzahl der Quadrate	1	4				

b) Die Reihe wird fortgesetzt. Welche Nummer hat die Figur, die 100 kleine Quadrate enthält?

A: ______________________________

> Wenn man eine Zahl mit sich selbst multipliziert, erhält man das Quadrat der Zahl. $3 \cdot 3 = 9$ $\quad 3^2 = 9$

2. Berechne.

a) $9^2 =$ ____ b) $8^2 =$ ____ c) $7^2 =$ ____ d) $4^2 =$ ____ e) $10^2 =$ ____

3. Ein Quadrat hat den Flächeninhalt 36 cm^2. Wie lang ist eine Seite des Quadrats?

A: ______________________________

> Die Quadratwurzel ($\sqrt{\ }$) aus einer Zahl ergibt mit sich selbst multipliziert diese Zahl. $\sqrt{16} = 4$, denn $4^2 = 16$

4. Trage die fehlenden Zahlen ein.

a) $\sqrt{4}$ = ______, denn ____^{2} = 4

b) $\sqrt{81}$ = ______, denn ____^{2} = ____

c) $\sqrt{64}$ = ______, denn ____^{2} = ____

d) $\sqrt{100}$ = ______, denn ____^{2} = ____

5. Für viele Zahlen ist die Wurzel keine ganze Zahl. Gib zwei aufeinanderfolgende ganze Zahlen an, zwischen denen die Wurzel liegt.

a) ____ $< \sqrt{7} <$ ____, denn ____^{2} $< 7 <$ ____^{2}

b) ____ $< \sqrt{2} <$ ____, denn ____^{2} $< 2 <$ ____^{2}

c) ____ $< \sqrt{10} <$ ____, denn ____^{2} $< 10 <$ ____^{2}

d) ____ $< \sqrt{30} <$ ____, denn ____^{2} $< 30 <$ ____^{2}

1. Der Flächeninhalt der Quadrate ist gegeben. Berechne jeweils die Seitenlänge.

$4\ m^2$ $9\ m^2$ $16\ m^2$ $36\ m^2$ $49\ m^2$

a = ______ a = ______ a = ______ a = ______ a = ______

2. Ein Blumenbeet hat die Form eines Quadrats. Die Fläche beträgt $25\ m^2$.
Wie lang ist eine Seite des Beetes?

A: ______

3. Ein quadratisches Blech hat eine Fläche von $81\ cm^2$. Wie lang ist eine Seite?

A: ______

4. Die Terrasse von Familie Jung ist 9 m lang und 4 m breit. Die Terrasse von Familie Radek hat die Form eines Quadrats. Die Fläche ist so groß wie bei der Terrasse von Familie Jung. Ergänze die fehlenden Zahlen.

Familie Jung
Länge: ______ Breite: ______
Fläche: ______

Familie Radek
Fläche: ______
Länge einer Seite: ______

5. Der Randstreifen neben einer Straße ist 50 m lang und 2 m breit. Der Gärtner braucht dafür genau ein Paket Rasensamen. Für ein quadratisches Beet im Park braucht der Gärtner ebenfalls genau ein Paket Rasensamen. Wie lang ist eine Seite des Beets im Park?

A: ______

6. Ein quadratisches Beet ist $81\ m^2$ groß.
Wie lang ist der Zaun um das Beet?

A: ______

1. Schreibe als Potenz.

a) $4 \cdot 4 \cdot 4 =$ ______ b) $7 \cdot 7 \cdot 7 \cdot 7 =$ ______ c) $9 \cdot 9 \cdot 9 \cdot 9 \cdot 9 =$ ______

d) $10 \cdot 10 \cdot 10 =$ ______ e) $6 \cdot 6 \cdot 6 \cdot 6 \cdot 6 \cdot 6 =$ ______ f) $3 \cdot 3 \cdot 3 \cdot 3 =$ ______

2. Schreibe die Potenz ausführlich und berechne.

a) $4^3 =$ ______ · ______ · ______ = ______ b) $2^5 =$ ______ = ______

c) $8^2 =$ ______ = ______ d) $3^3 =$ ______ = ______

3. Schreibe die Zehnerpotenz als Zahl.

a) $10^6 =$ ______ b) $10^3 =$ ______ c) $10^4 =$ ______

d) $10^5 =$ ______ e) $10^2 =$ ______ f) $10^7 =$ ______

4. Schreibe die Zahl als Zehnerpotenz.

a) 1 000 = ______ b) 10 000 000 = ______ c) 1 000 000 = ______

d) 10 000 = ______ e) 100 = ______ f) 1 000 000 000 = ______

5. Berechne.

a) $10^2 =$ ______ b) $7^2 =$ ______ c) $3^2 =$ ______ d) $5^2 =$ ______ e) $8^2 =$ ______

6. Trage die fehlenden Zahlen ein.

a) $\sqrt{36}$ = ______, denn ______$^2 = 36$ b) $\sqrt{49}$ = ______, denn ______$^2 = 49$

c) $\sqrt{25}$ = ______, denn ______$^2 = 25$ d) $\sqrt{100}$ = ______, denn ______$^2 = 100$

7. Der Flächeninhalt eines Quadrats ist gegeben. Wie lang ist eine Seite des Quadrats?

a) $A = 81\ m^2$ b) $A = 64\ m^2$ c) $A = 100\ m^2$ d) $A = 144\ m^2$

a = ______ m a = ______ m a = ______ m a = ______ m

8. Robert möchte um sein quadratisches Kaninchengehege neuen Maschendraht befestigen. Die Fläche des Geheges beträgt 49 m². Wieviel Meter Maschendraht benötigt Robert?

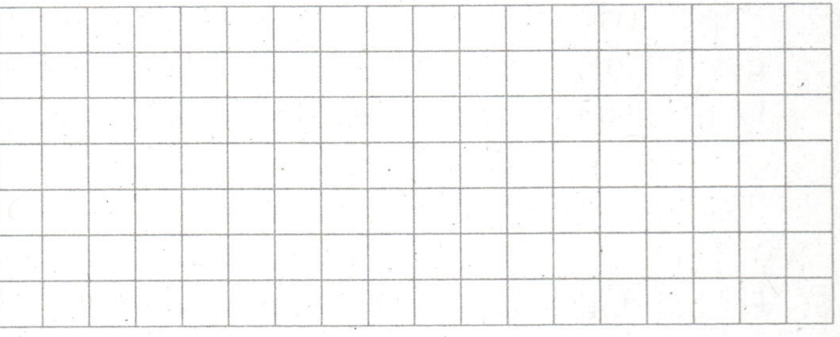

A: ______

4 Satz des Pythagoras

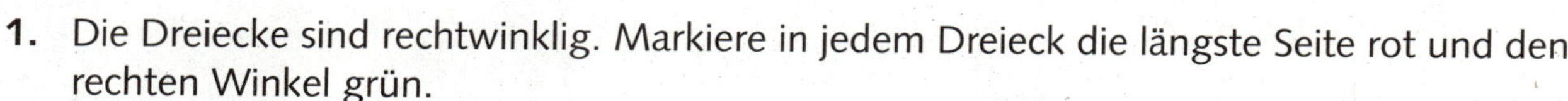

1. Die Dreiecke sind rechtwinklig. Markiere in jedem Dreieck die längste Seite rot und den rechten Winkel grün.

a) 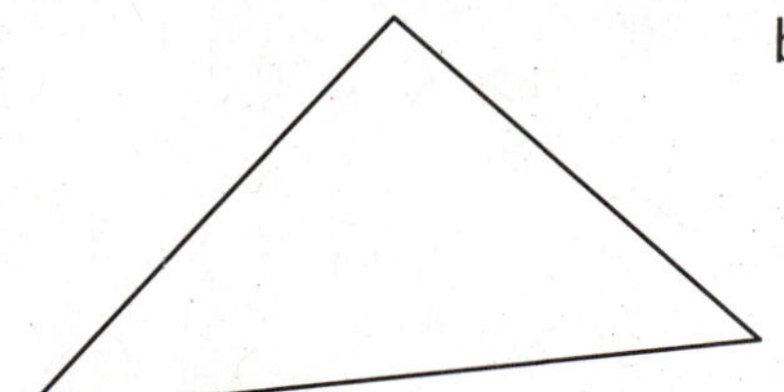

b) 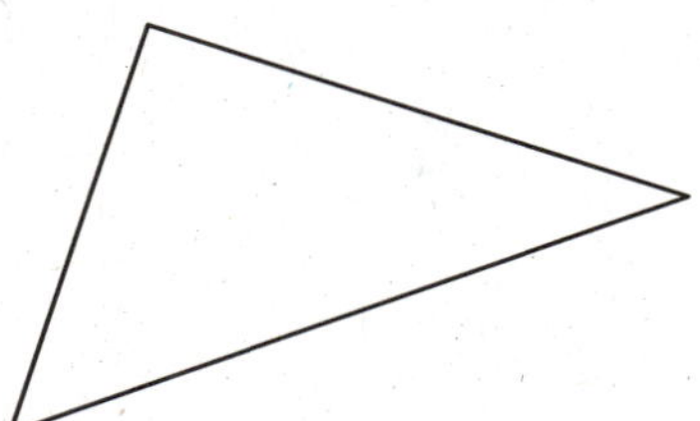

c) 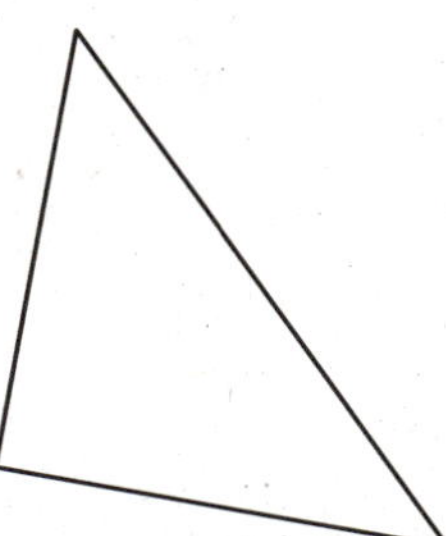

In jedem rechtwinkligen Dreieck liegt die längste Seite dem rechten Winkel gegenüber.
Sie heißt Hypotenuse.

Die Katheten schließen den rechten Winkel ein.

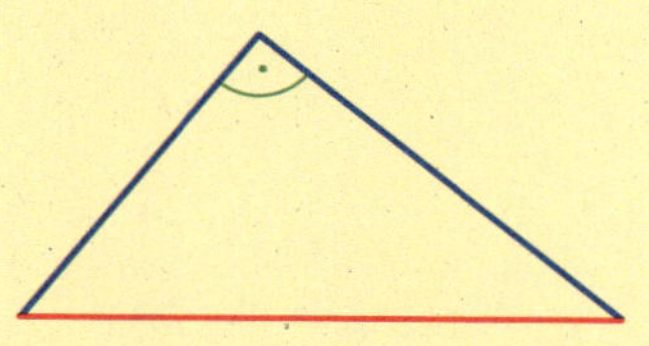

2. Markiere in jedem Dreieck den rechten Winkel grün, die Hypotenuse rot und die beiden Katheten blau.

a) 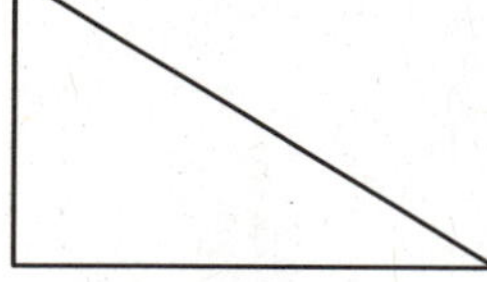

b) 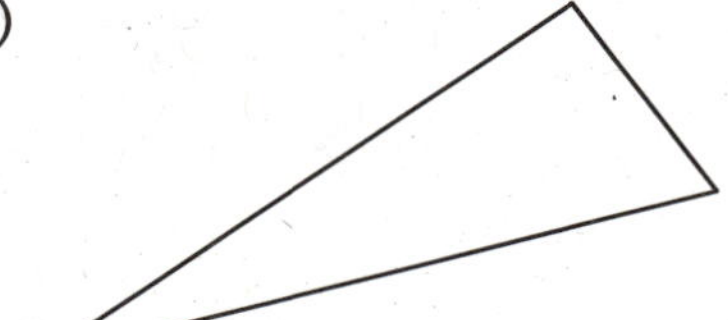

c) 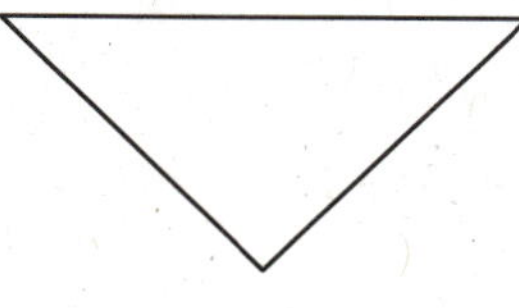

3. Benenne in jedem Dreieck die Hypotenuse und die beiden Katheten.

a) 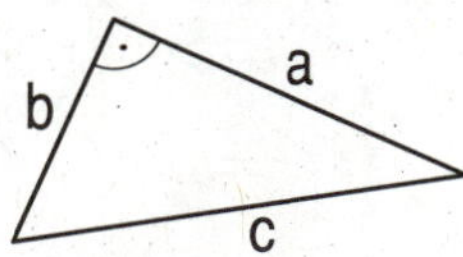

Hypotenuse: ______

Katheten: ______, ______

b) 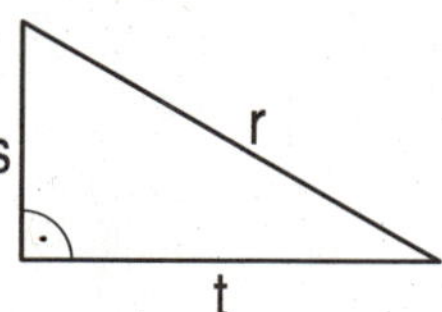

Hypotenuse: ______

Katheten: ______, ______

c) 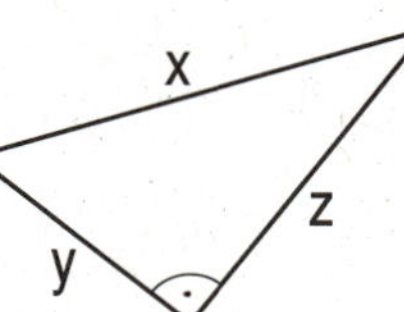

Hypotenuse: ______

Katheten: ______, ______

d) 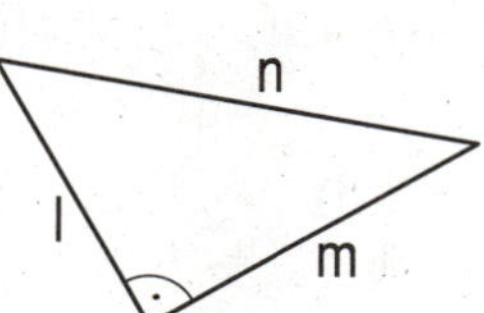

Hypotenuse: ______

Katheten: ______, ______

e) 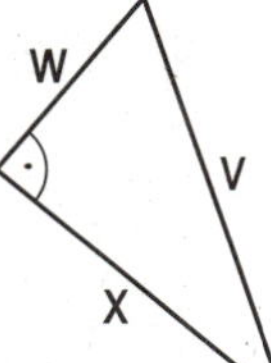

Hypotenuse: ______

Katheten: ______, ______

f) 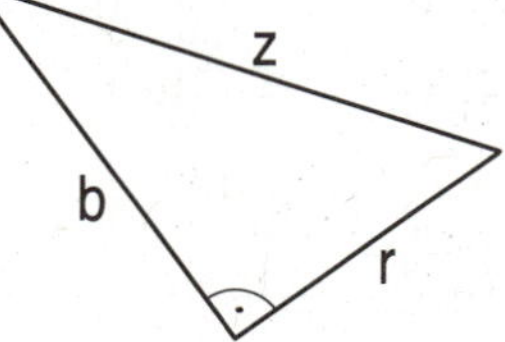

Hypotenuse: ______

Katheten: ______, ______

1. Über den drei Seiten des rechtwinkligen Dreiecks sind Quadrate gezeichnet.

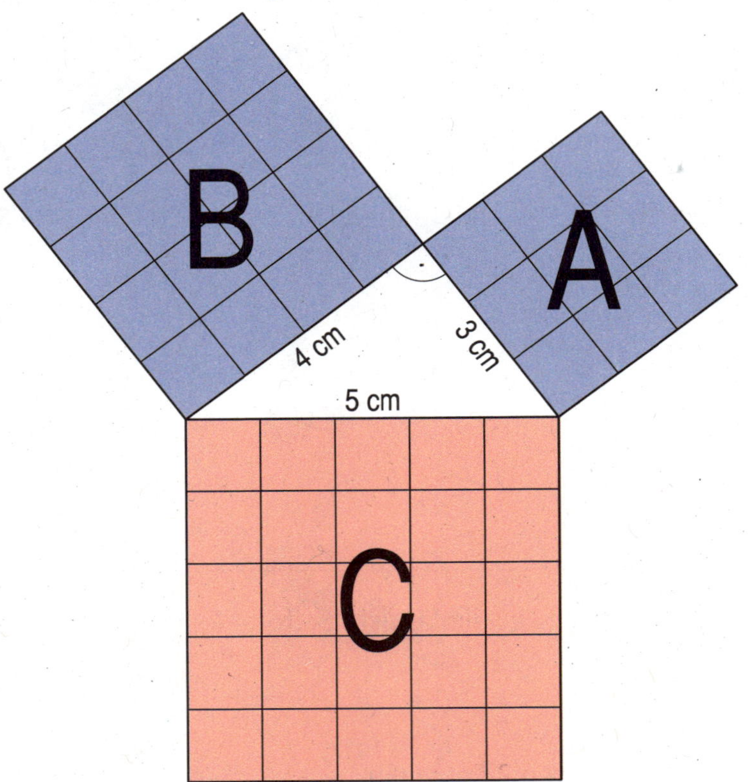

a) Gib für jedes Quadrat den Flächeninhalt an.

Quadrat A: ______ Quadrat B: ______ Quadrat C: ______

b) Wie groß sind die Flächeninhalte von Quadrat A und Quadrat B zusammen?

A und B zusammen: ______ + ______ = ______

Vergleiche mit dem Flächeninhalt von Quadrat C. Was stellst du fest?

A: ______

Für jedes rechtwinklige Dreieck gilt:

Die Quadrate über den beiden Katheten sind zusammen so groß wie das Quadrat über der Hypotenuse.

Satz des Pythagoras: $a^2 + b^2 = c^2$

Beachte: Der Satz des Pythagoras gilt nur für rechtwinklige Dreiecke.

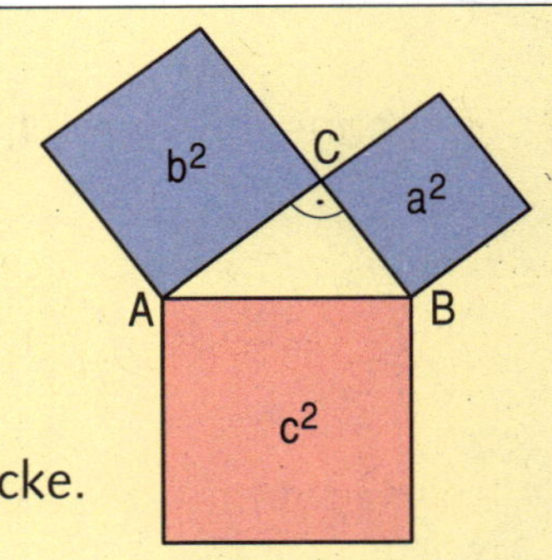

2. Hier heißen die Seiten anders. Schreibe für jedes Dreieck die Gleichung auf, die nach dem Satz des Pythagoras gilt.

a)

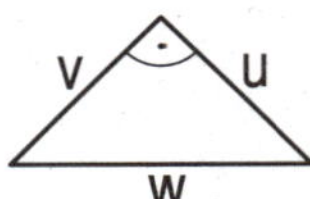

$u^2 +$ ______

b)

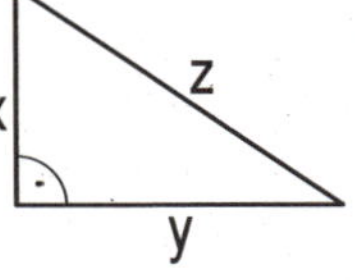

______

c)

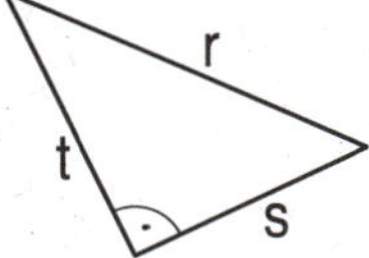

______

d)

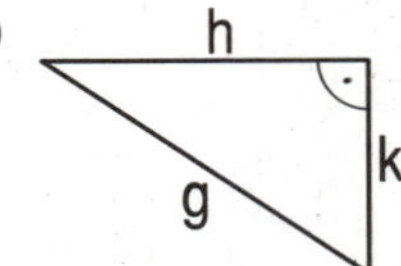

______

1. In einem rechtwinkligen Dreieck sind die beiden Katheten a und b gegeben. Berechne die Länge der Hypotenuse c mit dem Satz des Pythagoras $a^2 + b^2 = c^2$.

a)

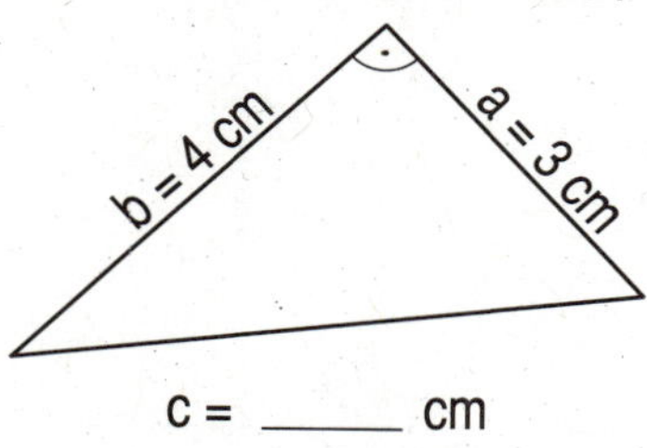

c = ____ cm

$a^2 + b^2 = c^2$

$c^2 = a^2 + b^2$

c^2 berechnen: $c^2 = 3^2 + 4^2$

$c^2 = 9 + 16$

$c^2 = 25$

Wurzel ziehen: $c = \sqrt{25}$

c = ____ cm

b)

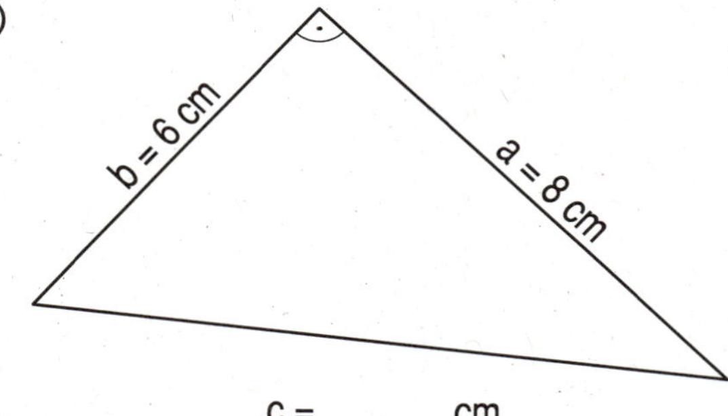

c = ____ cm

$a^2 + b^2 = c^2$

$c^2 =$ ____

$c^2 =$ ____ + ____

$c^2 =$ ____ + ____

$c^2 =$ ____

c = ____

c = ____ cm

2. Berechne die Hypotenuse c im rechtwinkligen Dreieck. Rechne mit dem Taschenrechner.

a) a = 5 cm, b = 12 cm

____

____

$c^2 =$ ____

$c^2 =$ ____

$c^2 =$ ____

c = ____

c = ____ cm

b) a = 1,6 cm, b = 1,2 cm

____

____

____

____

$c^2 =$ ____

c = ____

c = ____ cm

3. Wie lang ist die Auffahrt der Laderampe? Rechne mit dem Taschenrechner.

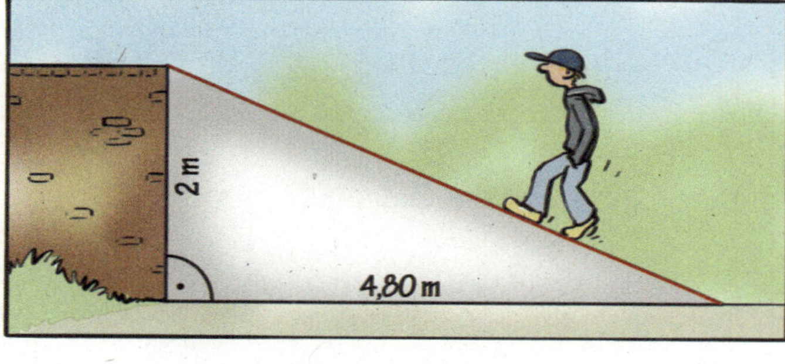

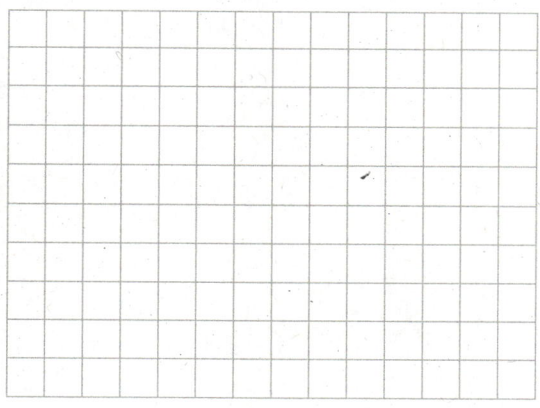

A: ____

Berechnen einer Kathete

1. In einem rechtwinkligen Dreieck sind eine Kathete und die Hypotenuse c gegeben. Berechne die Länge der anderen Kathete mit dem Satz des Pythagoras $a^2 + b^2 = c^2$. Rechne mit dem Taschenrechner.

a)

b = 2,4 cm

a = ____ cm

c = 4 cm

$a^2 + b^2 = c^2$

a^2 berechnen: $a^2 + 2{,}4^2 = 4^2$

$a^2 + 5{,}76 = 16 \quad | - 5{,}76$

$a^2 = 16 - 5{,}76$

$a^2 = 10{,}24$

Wurzel ziehen: $a = \sqrt{10{,}24}$

a = ______ cm

b)

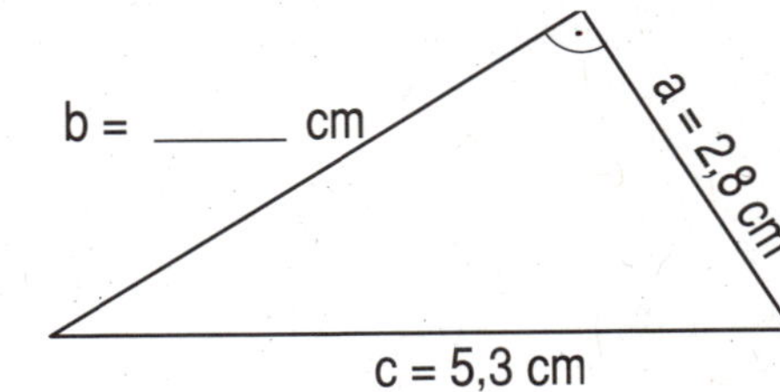

$a^2 + b^2 = c^2$

______ + b^2 = ______

______ + b^2 = ______ | − ______

b^2 = ______ − ______

b^2 = ______

b = ______

b = ______ cm

2. Die Hypotenuse c und eine Kathete eines rechtwinkligen Dreiecks sind gegeben. Berechne die fehlende Kathete. Rechne mit dem Taschenrechner.

a) b = 4 cm, c = 5,8 cm

______

______

a^2 + ______ | − ______

______

a^2 = ______

a = ______

a = ______ cm

b) a = 2,8 cm, c = 5,3 cm

______

______

______

______

b^2 = ______

b = ______

b = ______ cm

3. Wie hoch ist der Giebel? Rechne mit dem Taschenrechner.

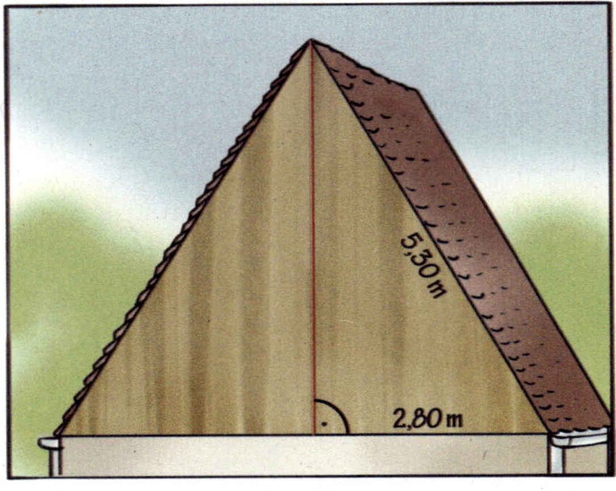

A: ______

1. Berechne die fehlende Seite im rechtwinkligen Dreieck. Runde dein Ergebnis auf zwei Stellen nach dem Komma.

a) b = 7 cm; a = 3 cm; c = ______ cm

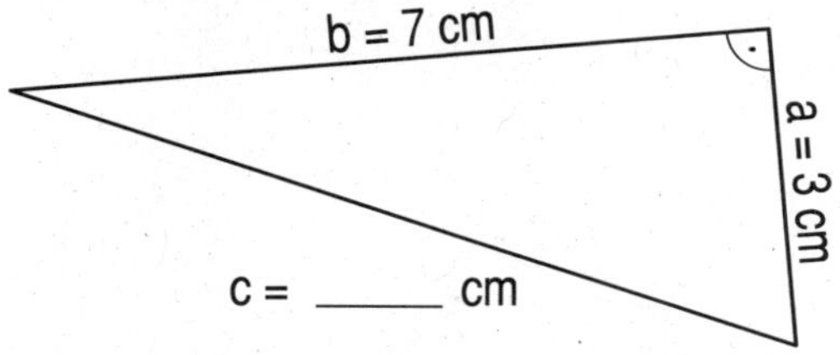

b) c = 7 cm; a = 4 cm; b = ______ cm

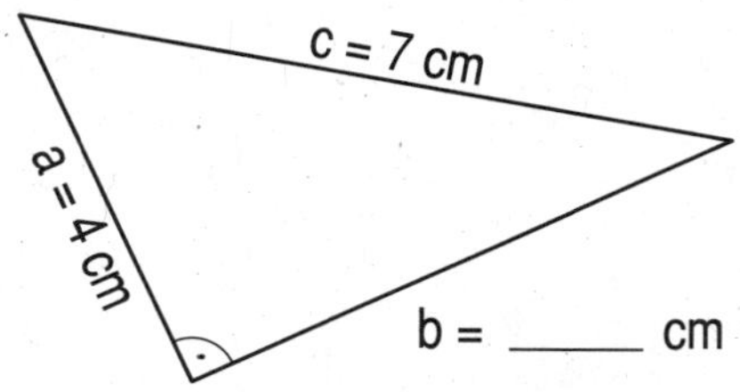

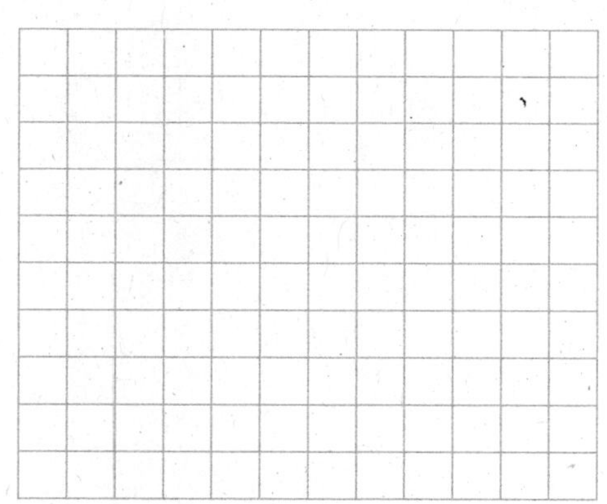

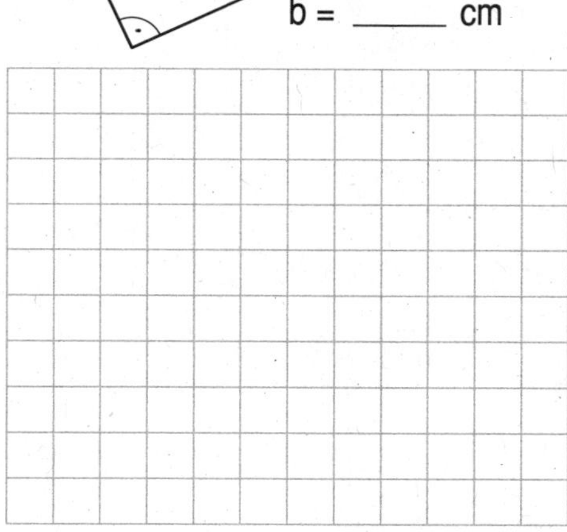

2. Die Diagonale zerlegt das Rechteck in zwei rechtwinklige Dreiecke. Berechne die Länge der Diagonalen mit dem Satz des Pythagoras $a^2 + b^2 = c^2$.

a)

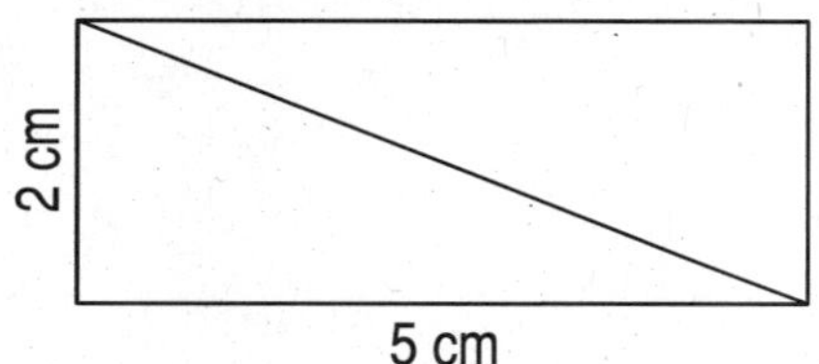

Länge der Diagonalen: ______ cm

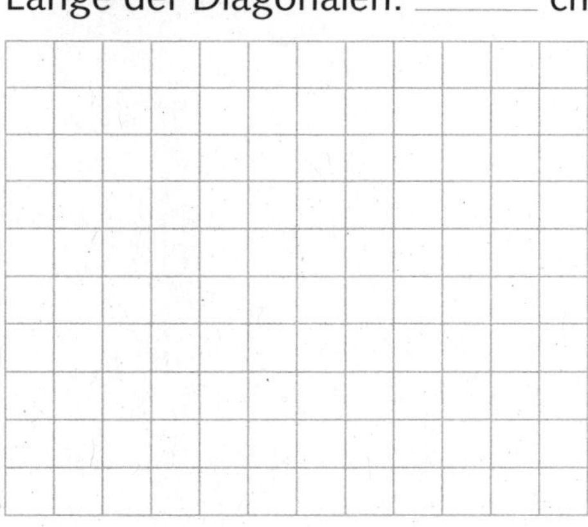

b)

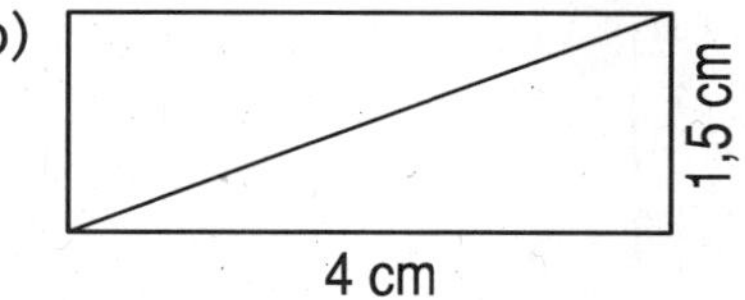

Länge der Diagonalen: ______ cm

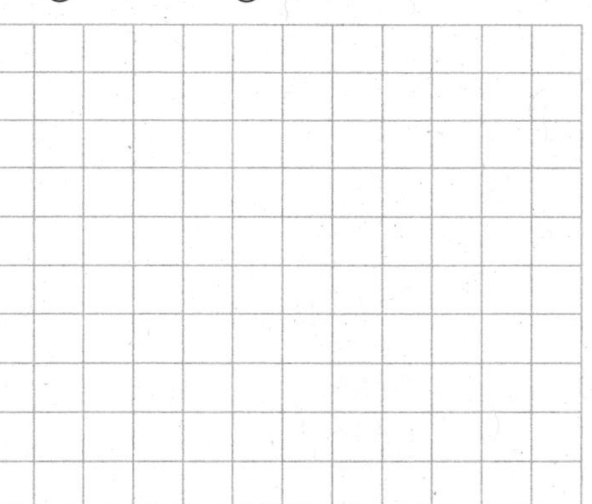

3. Berechne die fehlende Seitenlänge des Rechtecks.

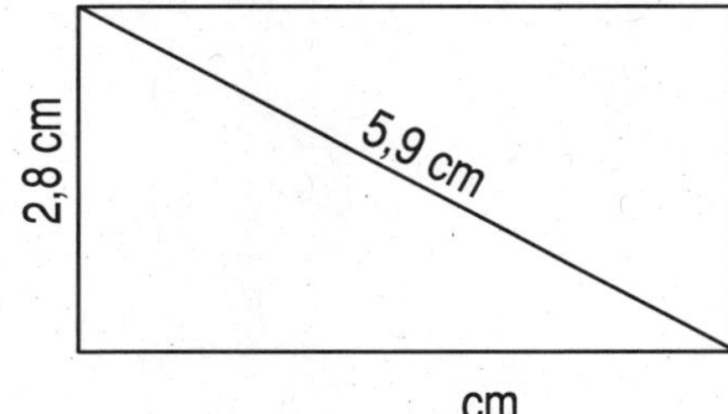

______ cm

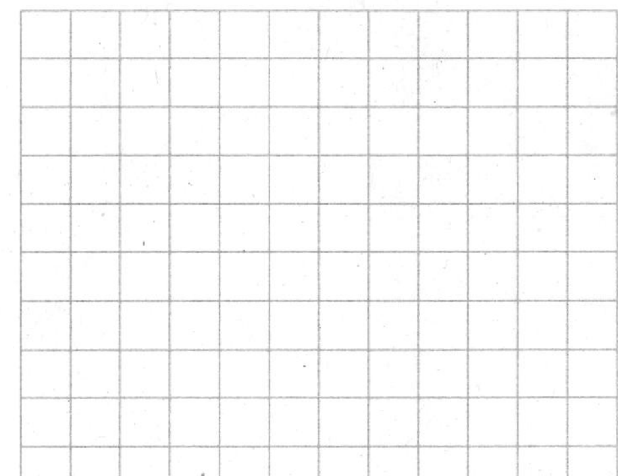

1. Ein Baum ist bei einem Sturm in 9 m Höhe abgeknickt. Seine Spitze berührt den Boden 6 m vom Stamm entfernt. Wie lang ist die abgeknickte Spitze? Runde.

Skizze:

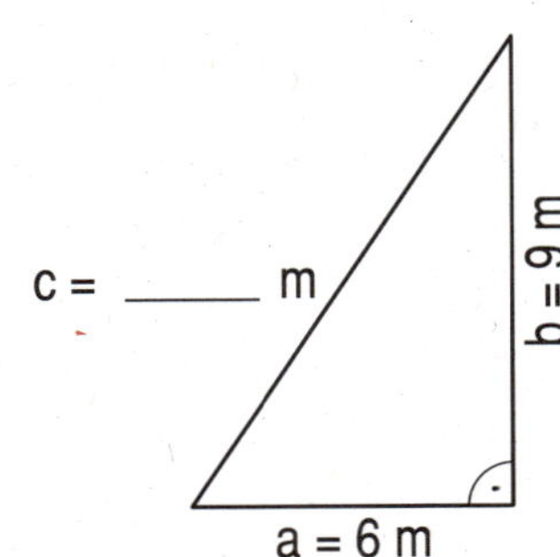

$a^2 + b^2 = c^2$

$c^2 = a^2 + b^2$

$c^2 = \_\_\_^2 + \_\_\_^2$

$c^2 = \_\_\_$

$c^2 = \_\_\_$

$c = \sqrt{\_\_\_}$

$c = \_\_\_$ m

A: ______________________________

2. Eine Leiter ist 6 m lang. Sie steht 2 m von der Wand entfernt auf dem Boden. In welcher Höhe berührt sie die Wand?

Skizze:

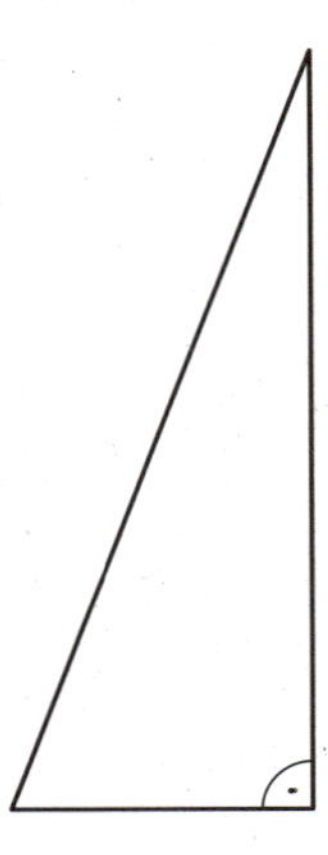

$a^2 + b^2 = c^2$

$a^2 + 2^2 = 6^2$

$a^2 + \_\_\_ = \_\_\_ \quad | - \_\_\_$

$a^2 = \_\_\_ - \_\_\_$

$a^2 = \_\_\_$

$a = \sqrt{\_\_\_}$

$a = \_\_\_$ m

A: ______________________________

3. Über die Treppe soll eine Rampe gelegt werden. Wie lang muss die Rampe sein?

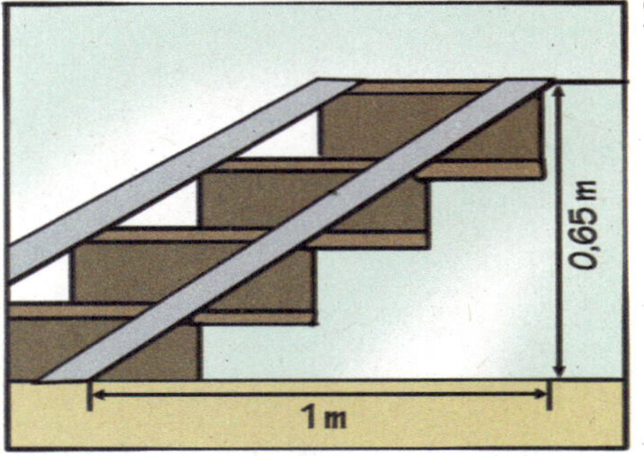

Skizze:

A: ______________________________

____

1. Hakan und Tina laufen quer über den Sportplatz. Wie lang ist ihr Weg?

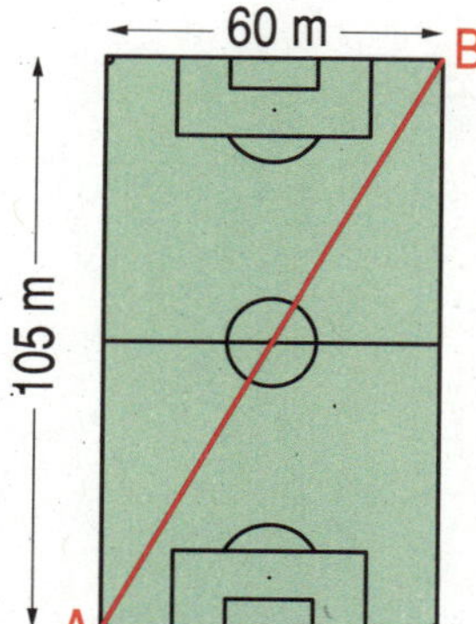

Skizze:

A: ____

2. Der Bildschirm ist 39 cm hoch. Die Diagonale ist 78 cm lang. Wie breit ist der Bildschirm?

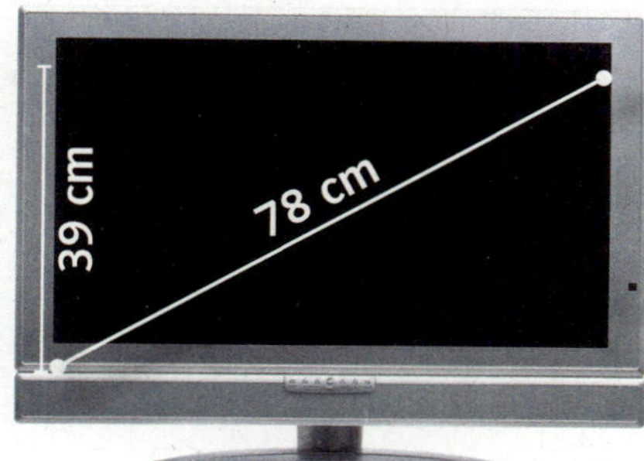

Skizze:

A: ____

3. Ein Funkmast wird in 46 m Höhe von Spannseilen gehalten. Die Seile sind 10 m vom Fuß des Mastes am Boden befestigt. Wie lang sind die Seile?

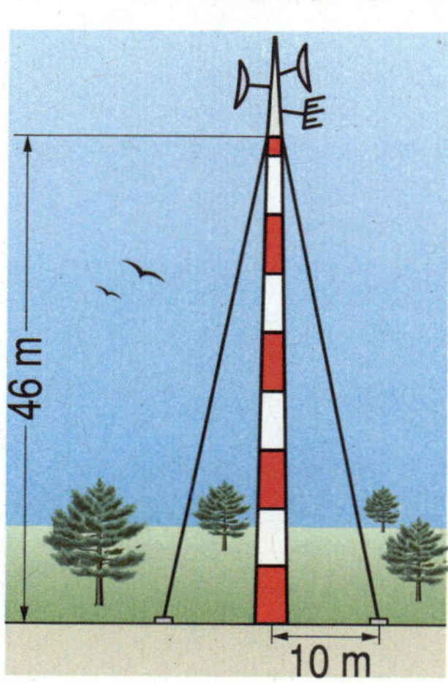

Skizze:

A: ____

1. In einem rechtwinkligen Dreieck sind die Katheten a und b gegeben. Berechne die Länge der Hypotenuse c. Rechne mit dem Taschenrechner. Runde.

a) $a = 6$ cm, $b = 10$ cm

$c^2 =$ ____

$c^2 =$ ____

$c = \sqrt{\quad}$ ____

$c =$ ____ cm

b) $a = 5{,}4$ cm, $b = 2{,}8$ cm

____ cm

2. In einem rechtwinkligen Dreieck sind eine Kathete und die Hypotenuse c gegeben. Berechne die fehlende Kathete. Rechne mit dem Taschenrechner. Runde.

a) $b = 3{,}5$ cm, $c = 4{,}7$ cm

$a^2 +$ ____ | − ____

$a^2 =$ ____

$a = \sqrt{\quad}$ ____

$a =$ ____ cm

b) $a = 7{,}2$ cm, $c = 8{,}4$ cm

$a =$ ____ cm

3. Um die rechteckige Wiese verläuft ein Fußweg. Viele Fußgänger gehen aber auf dem Trampelpfad quer über die Wiese. Wie lang ist der Trampelpfad?

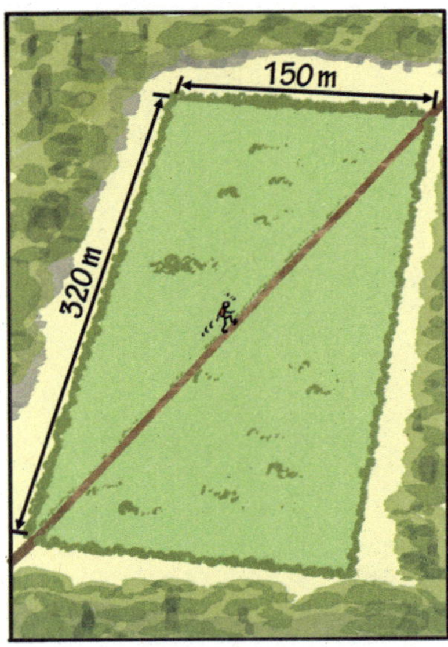

Skizze:

A: ____

Lineare Gleichungssysteme 5

1. Das unbekannte Gewicht x kannst du mit der Waage oder durch Lösen der Gleichung bestimmen. Zur Probe setzt du die gefundene Lösung in die Gleichung ein.

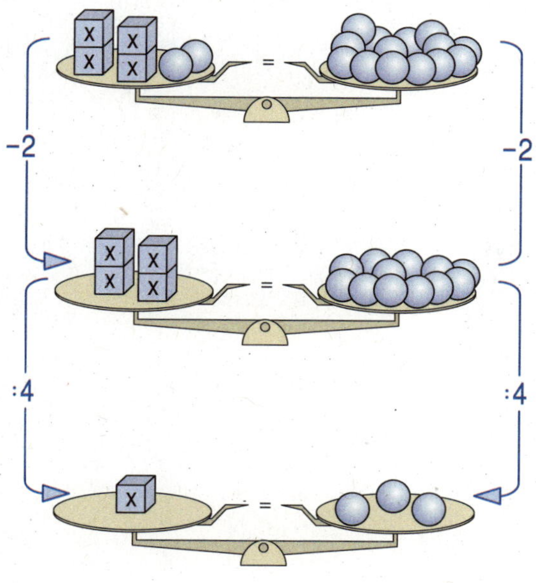

$4x + 2 = 14 \quad | -2$

$4x = 12 \quad | :4$

$x =$ ___

Probe:

$4 \cdot$ ___ $+ 2 = 14$

___ $+ 2 = 14$

___ $= 14$

2. Der Buchstabe bezeichnet eine unbekannte Zahl. Du findest die Zahl durch Lösen der Gleichung. Mache die Probe.

a) $12a + 16 = 40$

Probe:

$12 \cdot \qquad = 40$

b)

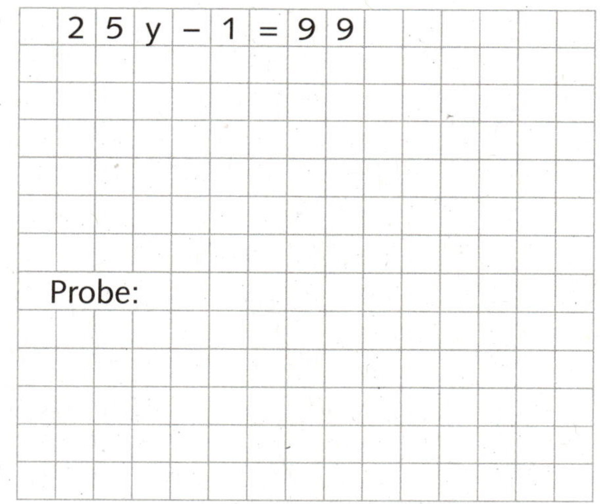

3. Auch diese Gleichungen kannst du durch Umformen lösen.

a) $10x - 70 = 20$

b)

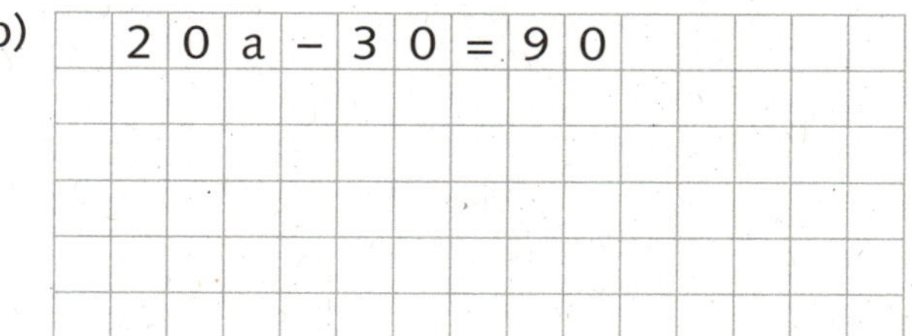

1. Löse die Gleichung. Das Ergebnis ist eine negative Zahl. Mache die Probe.

a) $7x + 22 = 8 \quad | -22$

Probe:

$7 \cdot \_\_\_ + 22 = 8$

$\_\_\_ + 22 = 8$

$\_\_\_ = 8$

b)
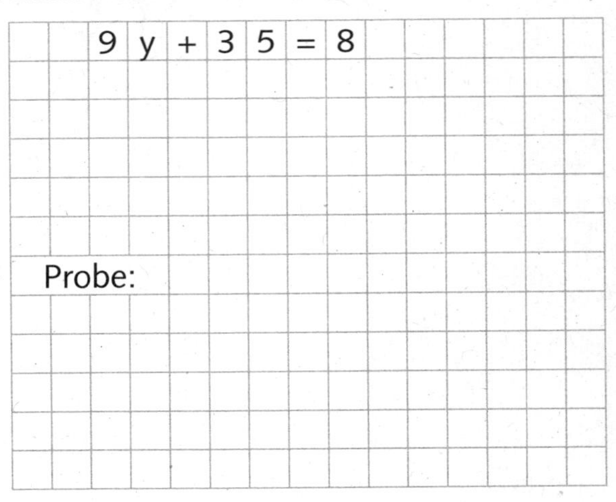

2. Löse die Gleichung. Das Ergebnis kann eine negative Zahl sein. Mache die Probe.

a)
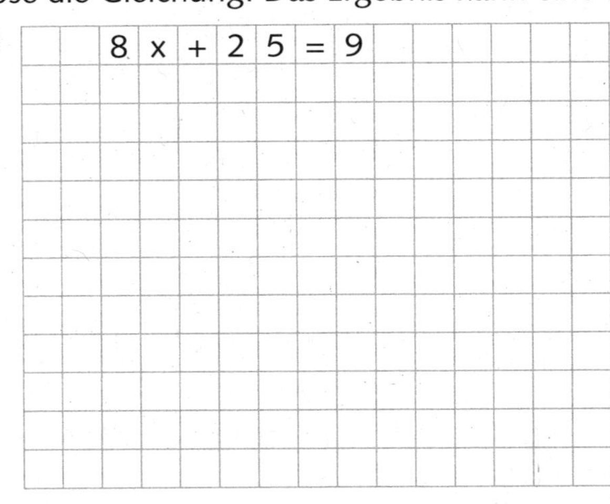

b)
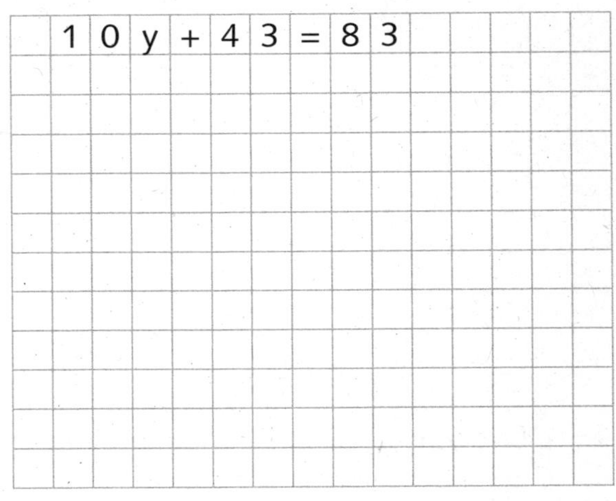

3. Fasse zusammen, dann löse die Gleichung.

a)
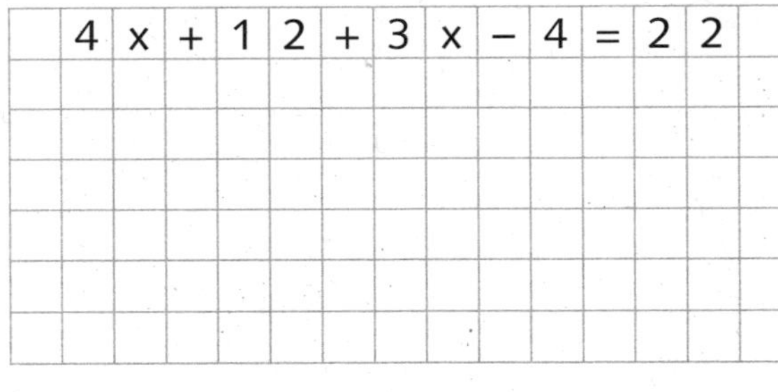

b)
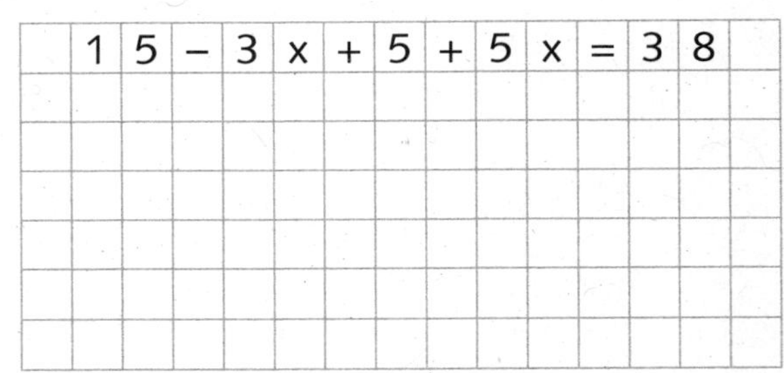

4. Auch diese Gleichung kannst du lösen. Das Ergebnis ist ein Bruch.

a)
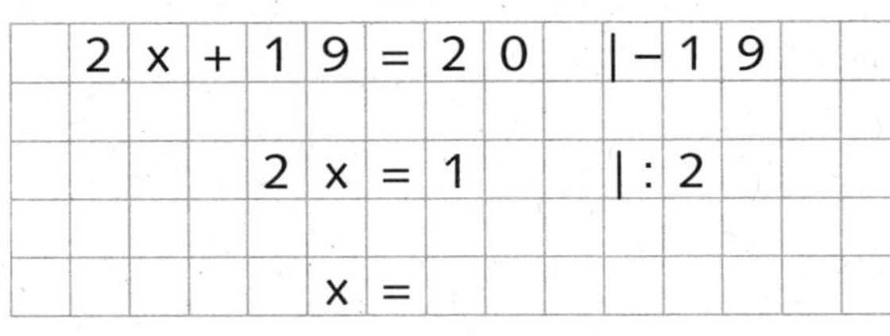

b)
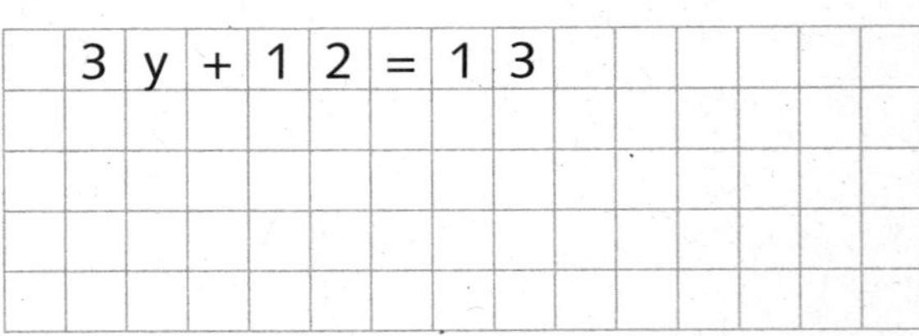

c) $4x + 18 = 21$

d)
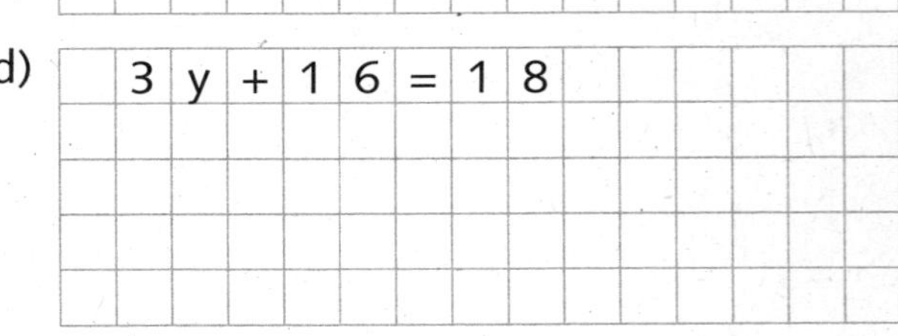

1. Löse die Gleichung wie im Beispiel.

a)

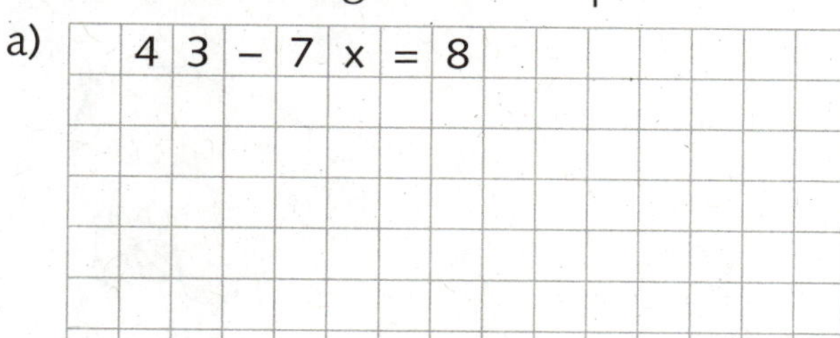

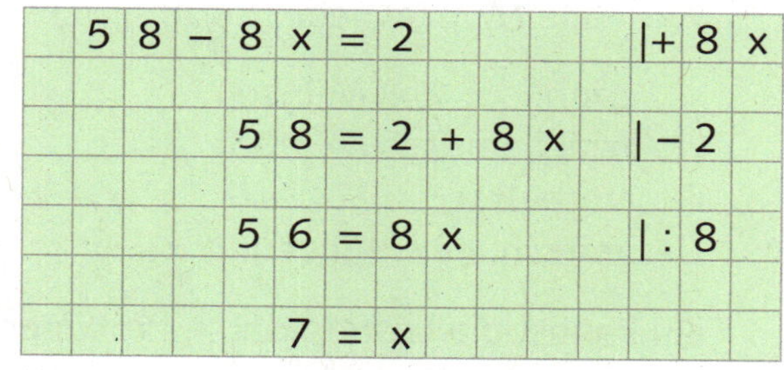

b)

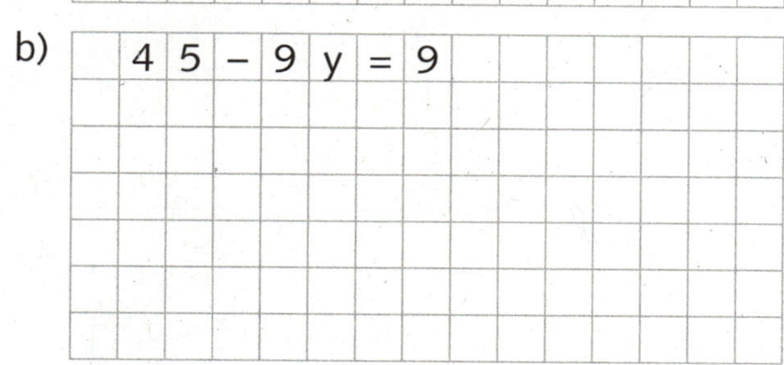

c)

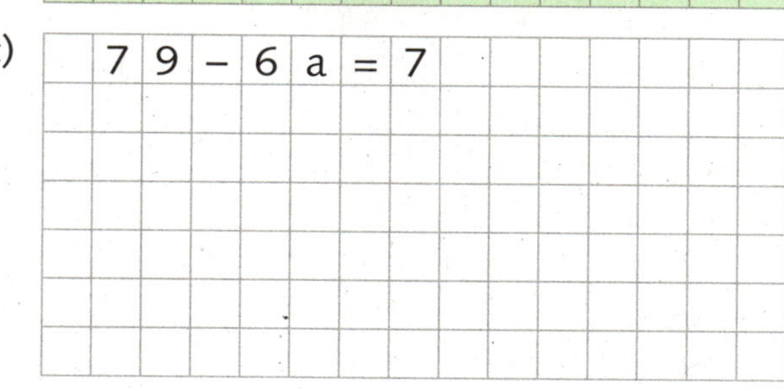

2. Löse die Gleichung durch Umformen.

a)

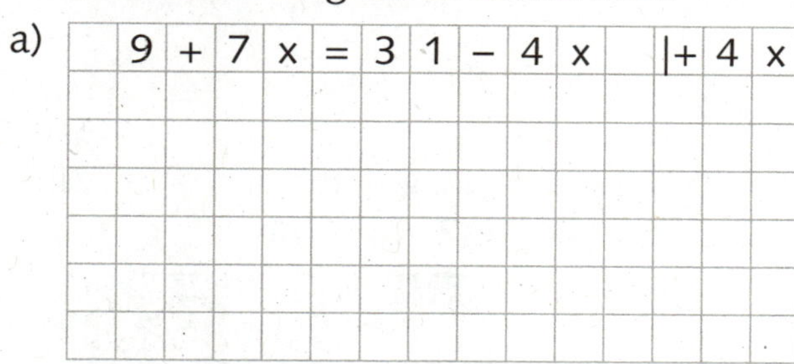

b)

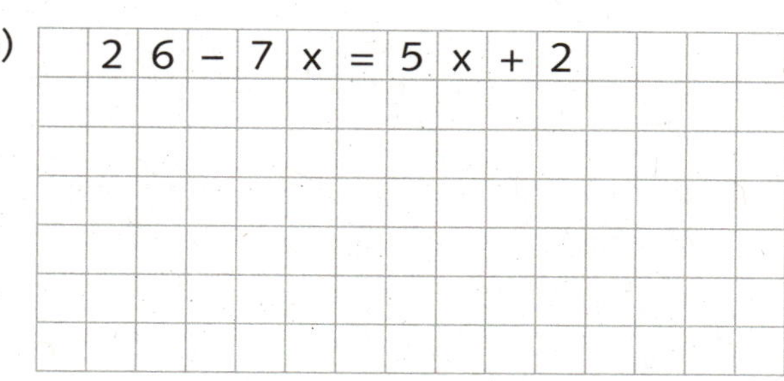

3. Zum Zahlenrätsel wird eine Gleichung aufgestellt. Löse die Gleichung.

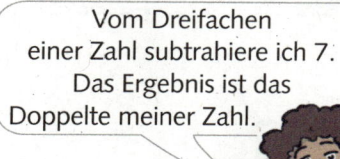

Vom Dreifachen einer Zahl subtrahiere ich 7. Das Ergebnis ist das Doppelte meiner Zahl.

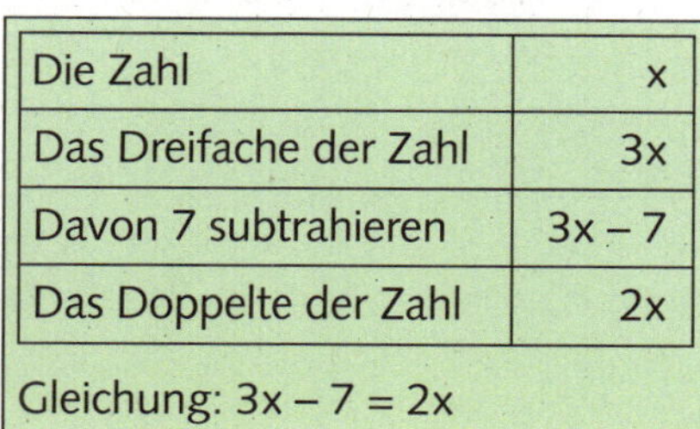

Die Zahl	x
Das Dreifache der Zahl	3x
Davon 7 subtrahieren	3x – 7
Das Doppelte der Zahl	2x

Gleichung: $3x - 7 = 2x$

3x − 7 = 2x

4. Löse das Zahlenrätsel mit Hilfe einer Gleichung.

a) Vom Vierfachen einer Zahl subtrahiere ich 8. Das Ergebnis ist das Doppelte der Zahl.

b)

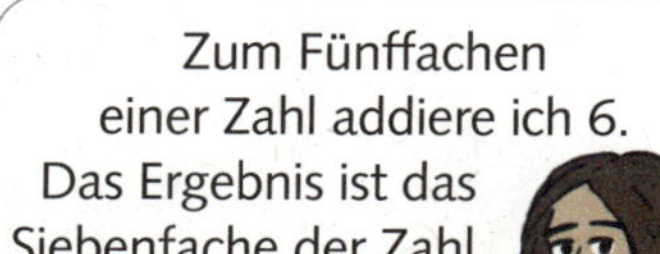

c) Von 33 subtrahiere ich das Doppelte einer Zahl. Ich erhalte die Summe aus dem Vierfachen der Zahl und 3.

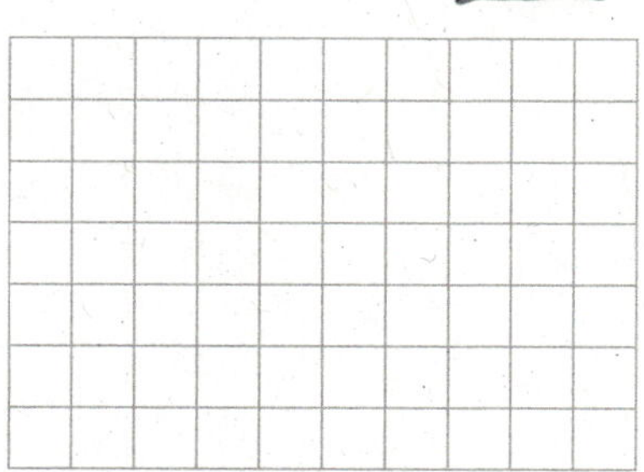

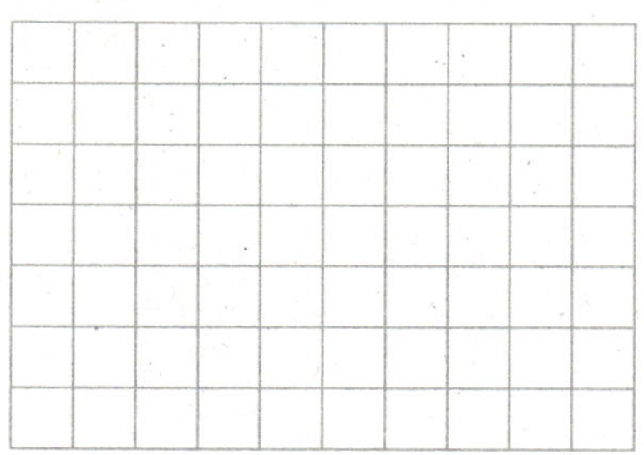

1. In der Spardose sind 30 €. Es sind 1-€-Münzen und 2-€-Münzen, insgesamt 18 Münzen. Wie viele Münzen jeder Sorte sind es? So stellst du zu der Aufgabe zwei Gleichungen auf:

x: Anzahl der 1-€-Münzen
y: Anzahl der 2-€-Münzen
Gesamtbetrag: $1 \cdot x + 2 \cdot y = 30$
Gesamtzahl der Münzen: $x + y = 18$

Du kannst die Lösung durch Probieren finden oder die untere Gleichung von der oberen subtrahieren. So findest du zuerst y. Dann kannst du x bestimmen.

x (1 €)	y (2 €)	$1 \cdot x + 2 \cdot y$	= 30?
9	9	$1 \cdot 9 + 2 \cdot 9 = 27$	falsch
8	10	$1 \cdot 8 + 2 \cdot 10 = 28$	falsch
7	11		

$1 \cdot x + 2 \cdot y = 30$
$- \; 1 \cdot x + 1 \cdot y = 18$
$y = 12$
$x + 2 \cdot 12 = 30$
$x =$

A: ______________________________

2. In einem Gasthof gibt es 1-Bett-Zimmer und 2-Bett-Zimmer. Insgesamt sind es 12 Zimmer mit insgesamt 19 Betten. Wie viele Zimmer jeder Sorte sind es? Wähle deinen Lösungsweg.

x: Anzahl der 1-Bett-Zimmer
y: Anzahl der 2-Bett-Zimmer
Gesamtzahl der Betten: $1 \cdot x + 2 \cdot y = 19$
Gesamtzahl der Zimmer: $x + y = 12$

x (1 Bett)	y (2 Betten)	$1 \cdot x + 2 \cdot y$	= 19?
8	4		
7			

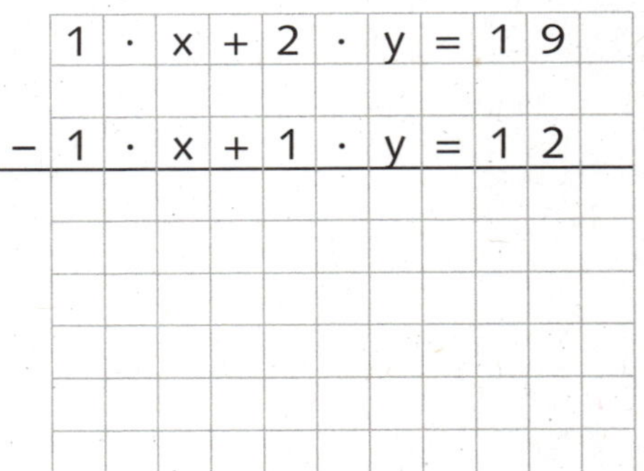
$1 \cdot x + 2 \cdot y = 19$
$- \; 1 \cdot x + 1 \cdot y = 12$

A: ______________________________

3. Im Kühlregal steht Milch in 1-ℓ-Packungen und in 2-ℓ-Packungen. Es sind 62 Packungen mit insgesamt 90 ℓ Milch. Wie viele Packungen jeder Sorte sind es?

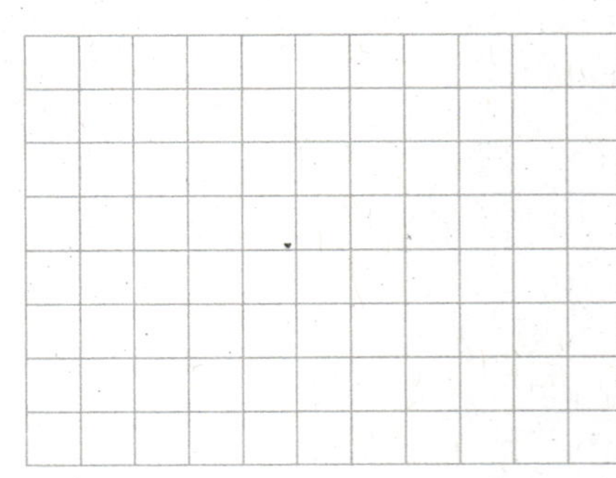

x: Anzahl der 1-ℓ-Packungen
y: Anzahl der 2-ℓ-Packungen
Gesamtzahl der Liter Milch: $1 \cdot x + 2 \cdot y = 90$
Gesamtzahl der Packungen: $x + y = 62$

A: ______________________________

1. Wie viel Gramm wiegt jeder Gegenstand? Beachte die beiden Waagebilder.

a)

△ = ______ g   ◇ = ______ g

b)

□ = ______ g   ○ = ______ g

2. Zeynep kauft eine Brezel und einen Berliner. Sie bezahlt 2,10 €.
Leon kauft eine Brezel und drei Berliner. Er bezahlt 4,90 €.
Bestimme den Preis für eine Brezel und den Preis für einen Berliner.

	Brezel	Berliner	Preis zusammen
Zeynep			2,10 €
Leon			4,90 €
Unterschied:			2,80 €

A: ______________________________

3. Frau Berg bezahlt für zwei Gläser Saft und drei Brötchen zusammen 4,40 €.
Herr Alt bezahlt für ein Glas Saft und drei Brötchen zusammen 3,10 €.
Vervollständige die Skizze. Wie viel kostet ein Glas Saft, wie viel kostet ein Brötchen?

	Glas Saft	Brötchen	Preis zusammen
Frau Berg			4,40 €
Herr Alt			
Unterschied:			

A: ______________________________

4. Für den Eintritt in den Tierpark bezahlt Familie Ünsal (zwei Erwachsene, ein Kind) 19 €.
Familie Merz (zwei Erwachsene, drei Kinder) bezahlt 29 €.
Vervollständige die Skizze. Bestimme die Eintrittspreise für Erwachsene und für Kinder.

	Erwachsene	Kinder	Preis zusammen
			19 €
Unterschied:			

A: ______________________________

1. Löse die Gleichung. Das Ergebnis kann eine negative Zahl sein.

a) $6x + 53 = 5$
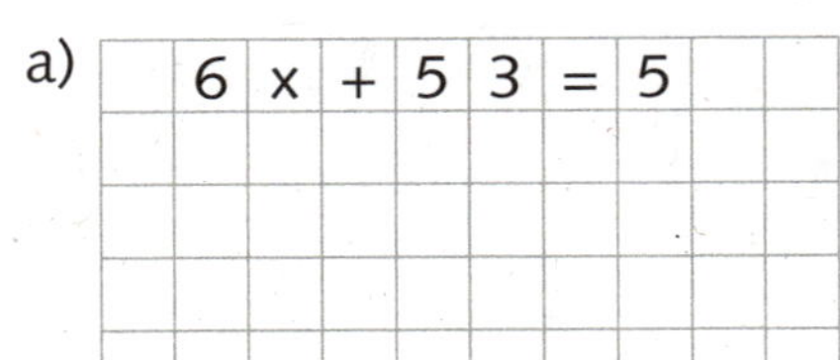

b) $9x - 12 = 24$
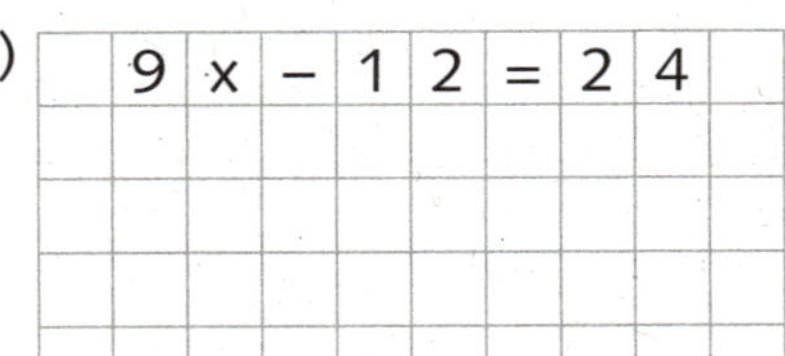

c) $12x - 4 = 44$
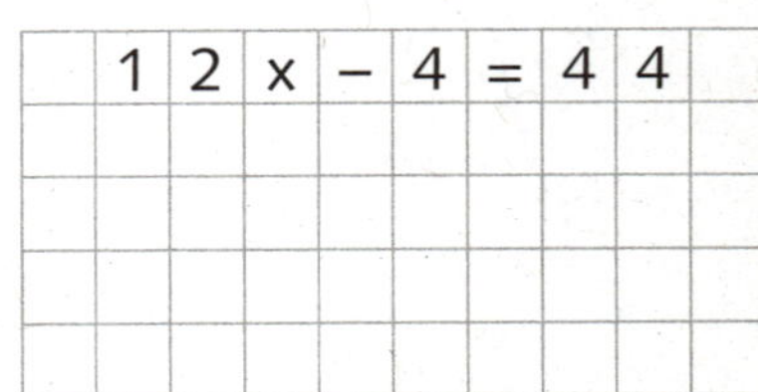

d) $8y - 16 = 8$
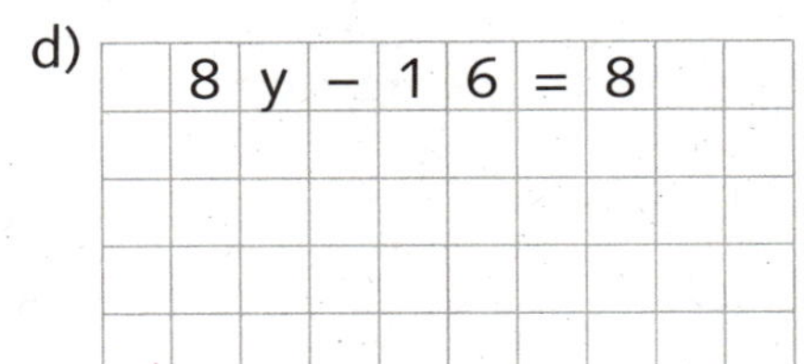

e) $7y + 32 = 11$
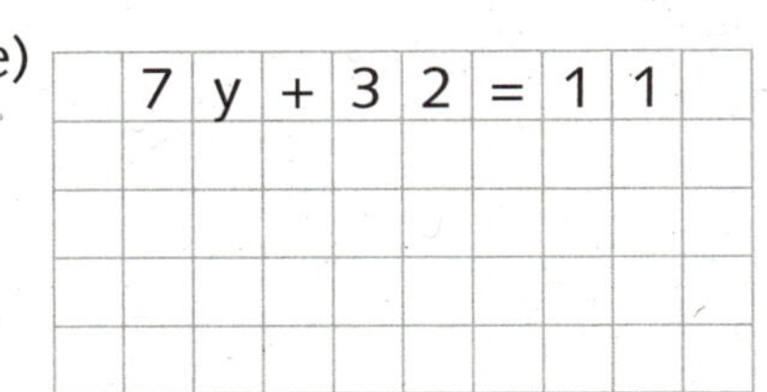

f) $15y + 3 = 48$
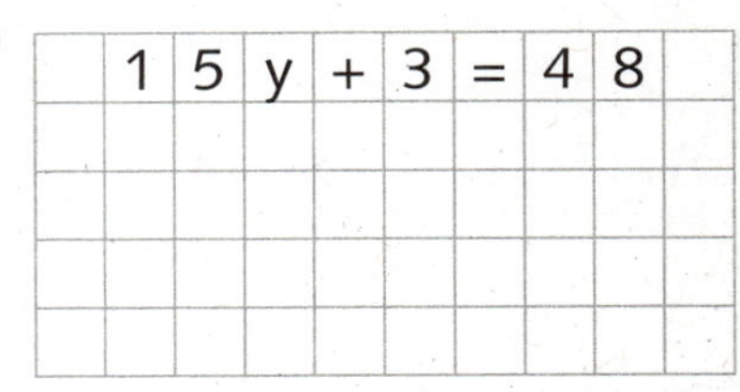

2. Fasse zusammen, dann löse die Gleichung.

a) $3x + 14 + 5x - 5 = 49$
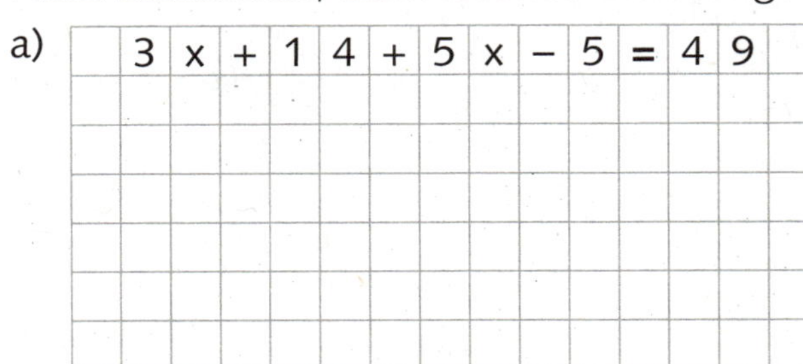

b) $17 - 2x + 8 + 6x = 49$
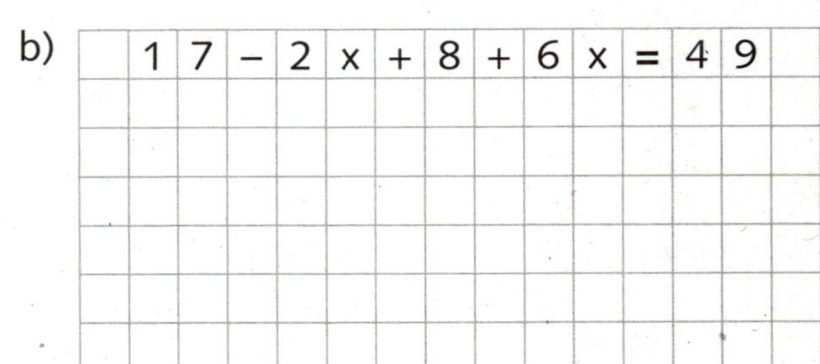

3. Löse die Gleichung durch Umformen.

a) $9x + 5 = 7x + 17$
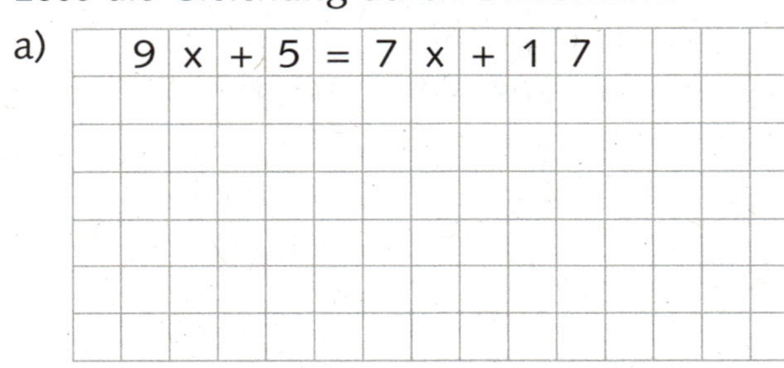

b) $28 - 8x = 3x + 6$
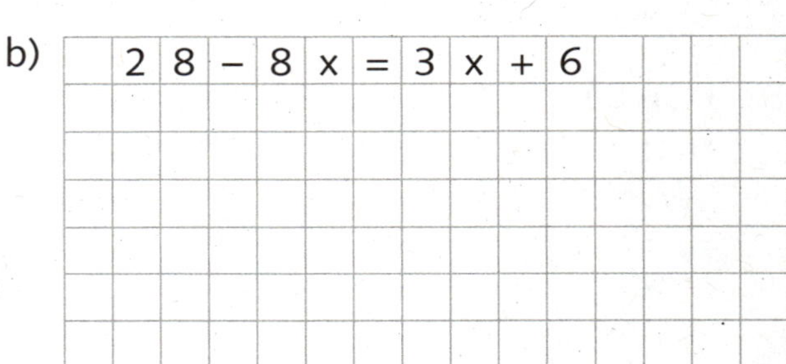

4. Löse das Zahlenrätsel mit Hilfe einer Gleichung.

a) Vom Dreifachen einer Zahl subtrahiere ich 9. Das Ergebnis ist das Doppelte der Zahl.

b)
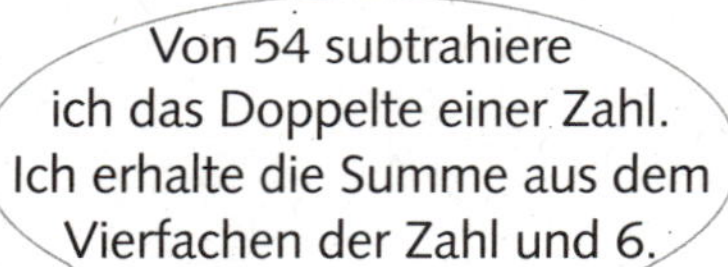
Von 54 subtrahiere
ich das Doppelte einer Zahl.
Ich erhalte die Summe aus dem
Vierfachen der Zahl und 6.

c)
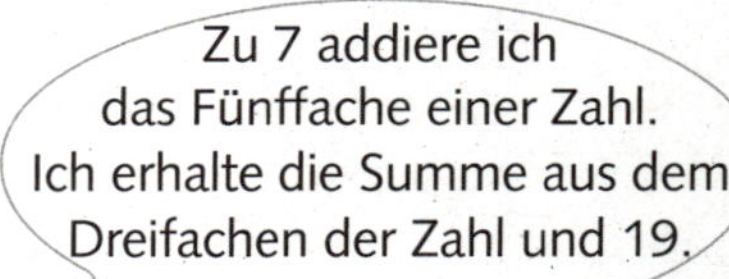
Zu 7 addiere ich
das Fünffache einer Zahl.
Ich erhalte die Summe aus dem
Dreifachen der Zahl und 19.

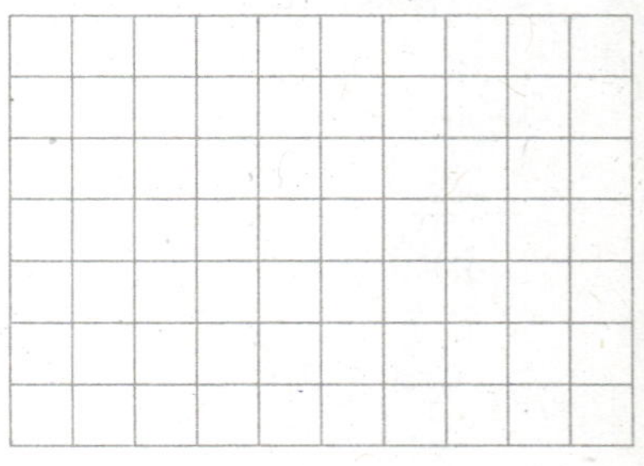

Ähnlichkeit

1 : 1

1 : 2

2 : 1

Maßstab = Länge im Bild : Länge in der Wirklichkeit
1 : 10 1 cm im Bild entspricht 10 cm in der Wirklichkeit.
10 : 1 10 cm im Bild entsprechen 1 cm in der Wirklichkeit.

1. Ordne die Maßstäbe 1 : 50 000, 1 : 100, 50 : 1, 1 : 1 den Zeichnungen zu.

A

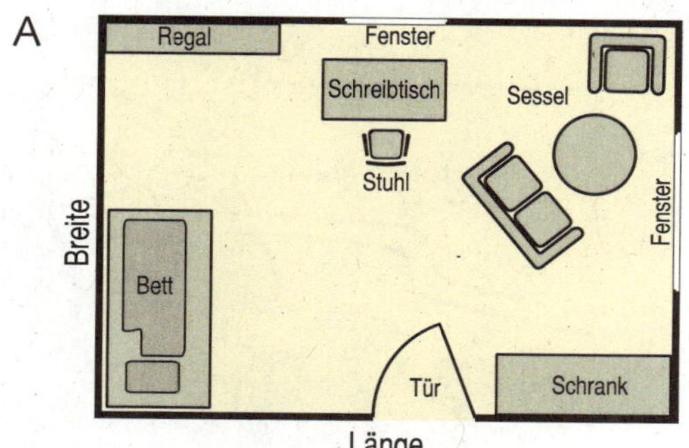

Maßstab ______________

B

Maßstab ______________

C

Maßstab ______________

D

Maßstab ______________

2. Bestimme die fehlenden Maße.

a)

1 : 5	
Zeichnung	Wirklichkeit
1 cm	5 cm
3 cm	
4,5 cm	

b)

1 : 20	
Zeichnung	Wirklichkeit
1 cm	
6 cm	
2,5 cm	

c)

4 : 1	
Zeichnung	Wirklichkeit
4 cm	
12 cm	
10 cm	

1. Miss die Längen im Bild und berechne die Größe der Tiere in der Wirklichkeit.

a) Maßstab 1 : 5

b) Maßstab 1 : 50

c) Maßstab 10 : 1

a)

Zeichnung	Wirklichkeit

b)

Zeichnung	Wirklichkeit

c)

Zeichnung	Wirklichkeit

2. Trage die fehlenden Werte ein.

Maßstab	1 : 5	1 : 10	1 : 100	100 : 1	10 : 1	5 : 1
Länge in der Zeichnung		3 cm			40 cm	25 cm
Länge in der Wirklichkeit	10 cm		250 cm	2 mm		

3.

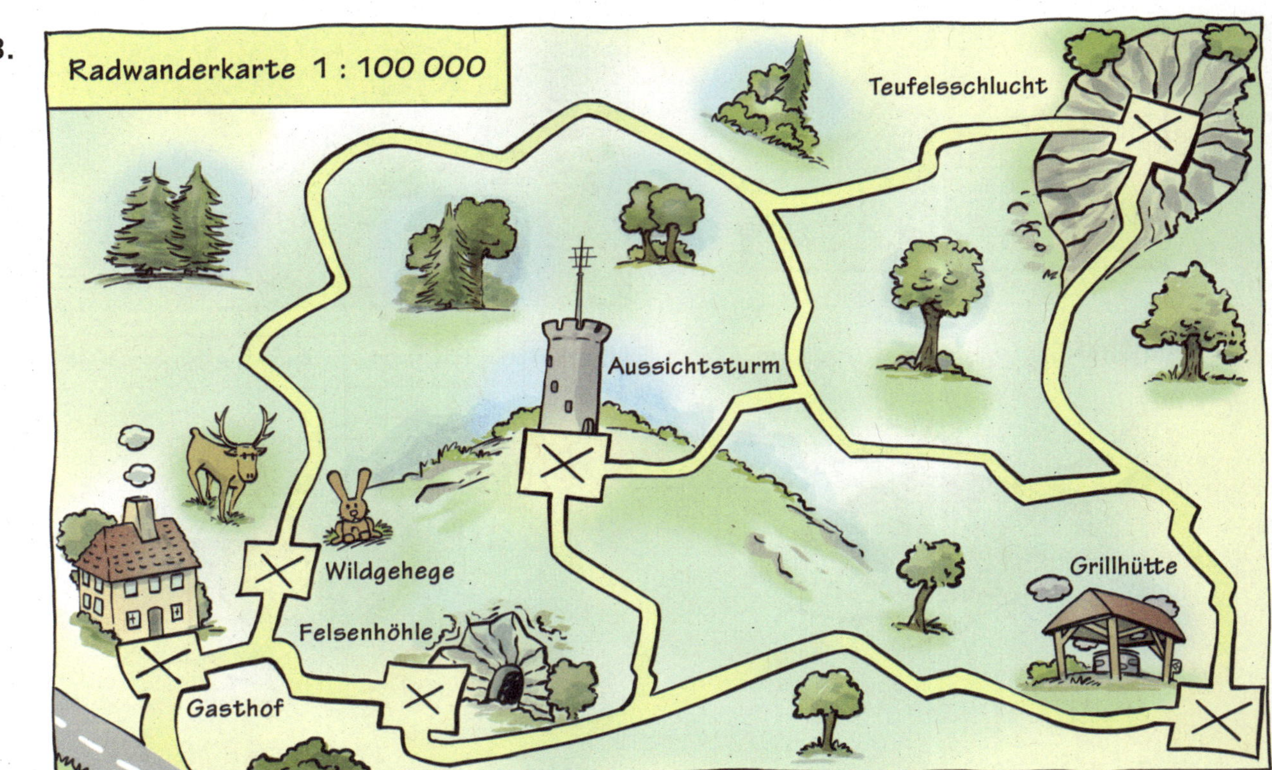

Bestimme die Luftlinienentfernung.	Karte	Wirklichkeit
a) Gasthof – Wildgehege	2 cm	200 000 cm = 2 km
b) Gasthof – Aussichtsturm		
c) Gasthof – Felsenhöhle		
d) Gasthof – Grillhütte		
e) Gasthof – Teufelsschlucht		

1. Eine Fliege ist 8 mm lang. Sie wird unter einer Lupe betrachtet.
F: Wie lang erscheint die Fliege unter einer Lupe, die 2-fach vergrößert?

A: ______

2. Ein Rechteck mit den Seitenlängen a = 3 cm und b = 2 cm wird 3-fach vergrößert gezeichnet.
F: Wie lang werden die Seiten a und b bei 3-facher Vergrößerung gezeichnet?

A: ______

3. Zeichne die Figur 2-fach vergrößert.

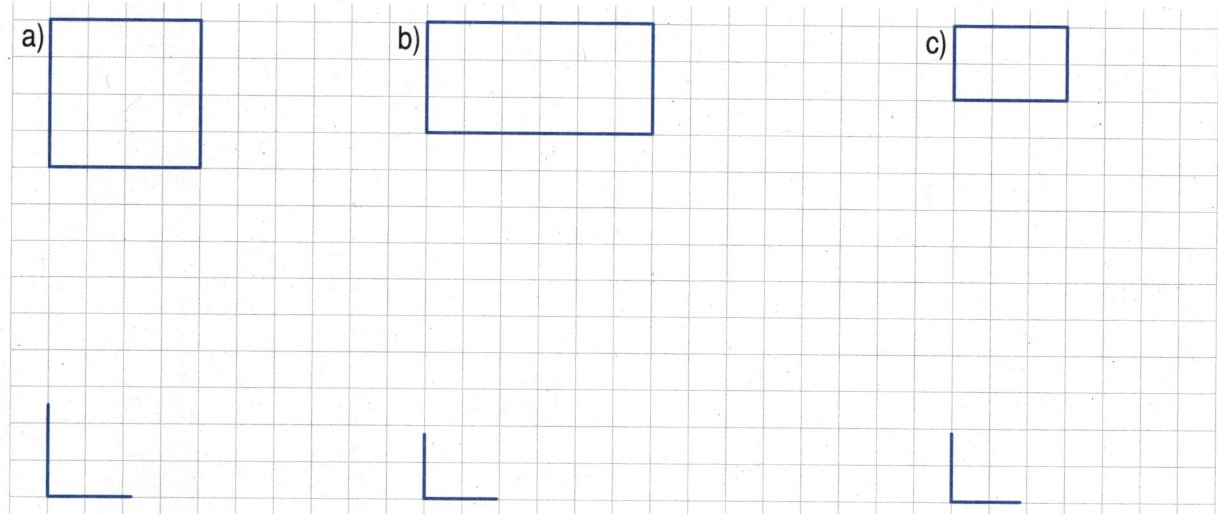

4. Berechne die fehlenden Werte.

Größe im Original	9 mm			5 mm	3 mm
Vergrößerung	10-fach	30-fach	20-fach	200-fach	500-fach
Maßstab	10 : 1				
Größe in der Abbildung		360 mm	40 mm		

5. Zeichne die Figur 2-fach vergrößert.

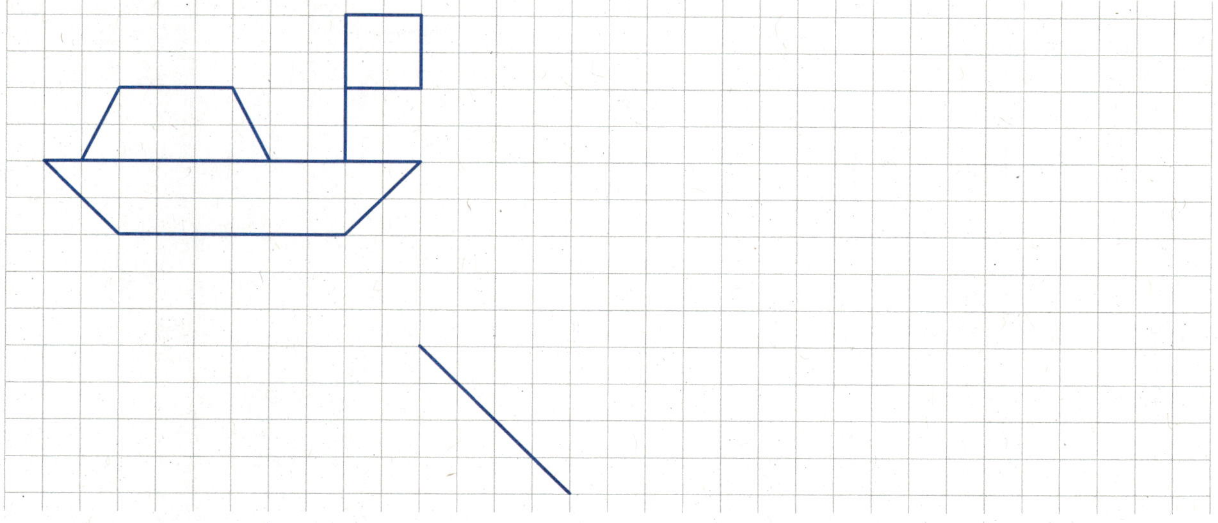

1. Ein Kreuzfahrtschiff ist 200 m lang. Ein verkleinertes Modell des Schiffes wird angefertigt.
   F: Wie lang wird ein 100-fach verkleinertes Modell des Schiffes?

   A: ______________________________

2. Ein Quadrat hat die Seitenlänge a = 8 cm. Es wird 4-fach verkleinert gezeichnet.
   F: Wie lang wird die Seite a bei 4-facher Verkleinerung gezeichnet?

   A: ______________________________

3. Zeichne die Figur 2-fach verkleinert.

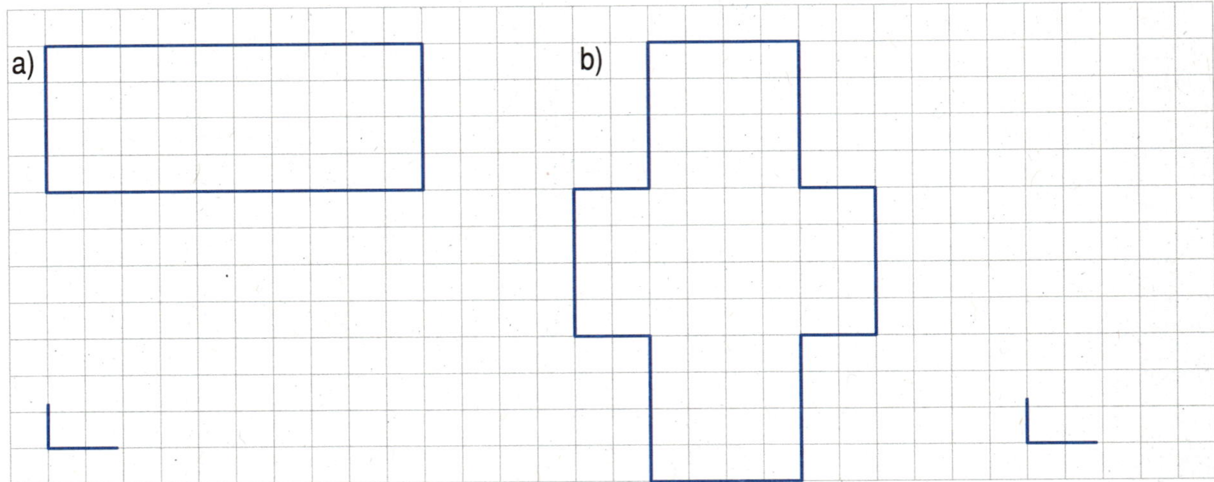

4. Berechne die fehlenden Werte.

Größe im Original	40 cm	100 cm		1 300 cm	
Verkleinerung	5-fach	20-fach	30-fach	100-fach	200-fach
Maßstab			1 : 30		
Größe in der Abbildung			5 cm		8 cm

5. Zeichne die Figur 2-fach verkleinert.

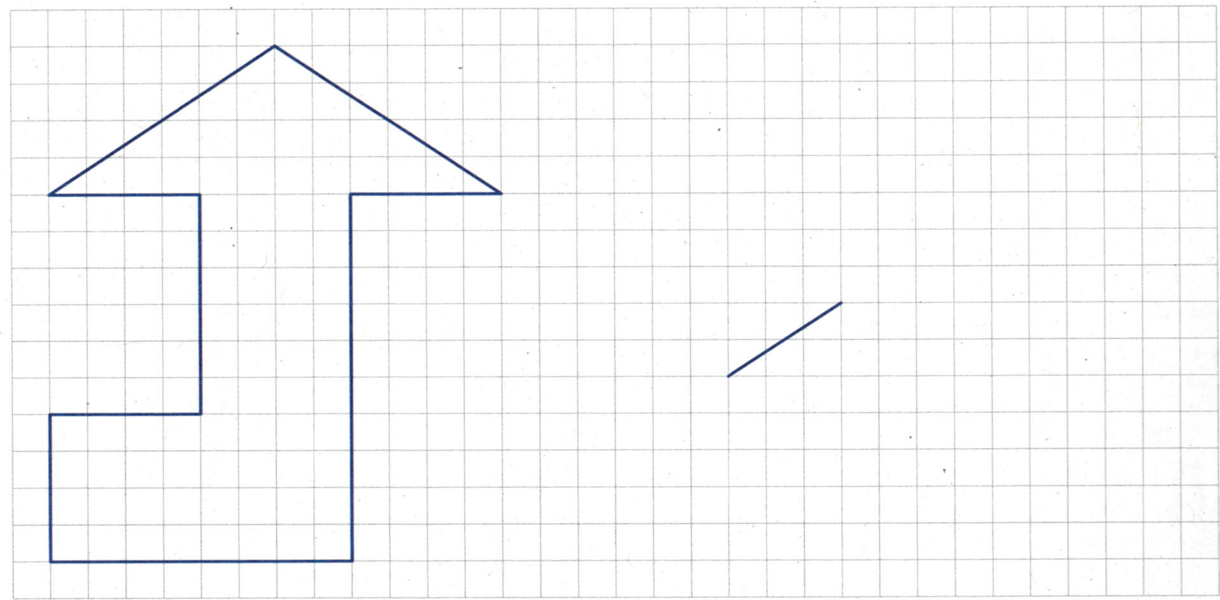

1. Kann das stimmen? Kreuze an.

	ja	nein
a) Rosa fertigt eine Skizze vom Grundriss ihres Zimmers an. Sie zeichnet im Maßstab 1 : 100.		
b) Herr Narr lässt sich ein 10-fach verkleinertes Modell seines Autos anfertigen. Dieses Modell transportiert er dann im Kofferraum seines Autos.		
c) Ein Quadrat hat eine Seitenlänge von 5 cm. Frank zeichnet das Quadrat 8-fach vergrößert ins Heft.		
d) Laura zeichnet ein Rechteck in ihr Heft. Kemal zeichnet Lauras Rechteck im Maßstab 10 : 1 an die Tafel.		
e) Frau Wester erstellt einen Plan ihres Gartens. Sie wählt dazu den Maßstab 1 : 1.		

2. Auf der Deutschlandkarte sind die Städte Frankfurt und Wiesbaden 1 cm voneinander entfernt.

a) Bestimme die Entfernung der beiden Städte in Wirklichkeit.

Maßstab 1 : 3 000 000	
Karte	Wirklichkeit
1 cm	3 000 000 cm
1 cm	30 000 m
1 cm	km

b) Miss auf der Karte und berechne die Entfernung zwischen den Städten Mainz und Kaiserslautern.

_____ cm auf der Karte sind

in Wirklichkeit __________ cm.

Das sind _____ km.

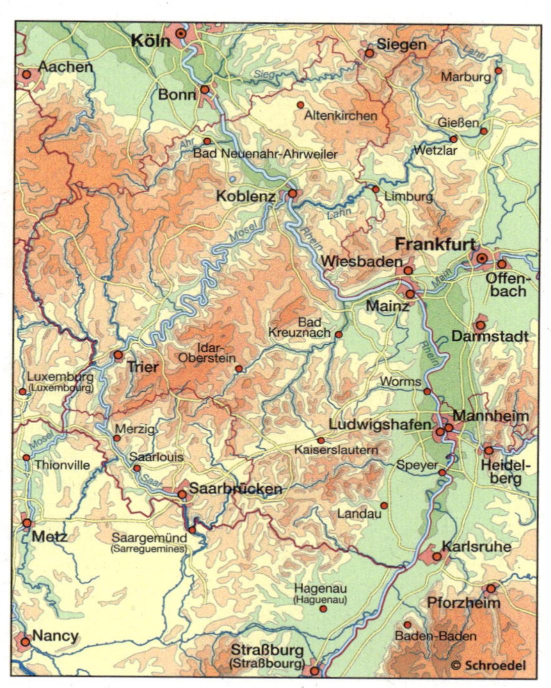

3. Vervollständige die Tabelle.

a)

1 : 100 000	
Karte	Wirklichkeit
1 cm	1 km
4 cm	
1,2 cm	
	7,5 km

b)

1 : 200 000	
Karte	Wirklichkeit
1 cm	2 km
3 cm	
	10 km
4,1 cm	

c)

1 : 50 000	
Karte	Wirklichkeit
1 cm	
2 cm	1 km
4 cm	
	3,5 km

4. Ein Spielplatz ist 80 m lang und 60 m breit.
In welchem Maßstab sollte ein Plan dieses Spielplatzes gezeichnet werden? Kreuze an.

☐ 1 : 100 ☐ 1 : 1000 ☐ 1 : 10 000

1. Miss die Länge und die Höhe in der Zeichnung. Berechne die Größen in der Wirklichkeit.

a) Maßstab 1 : 100

Zeichnung	Wirklichkeit

b) Maßstab 1 : 200

Zeichnung	Wirklichkeit

c) Maßstab 1 : 2000

Zeichnung	Wirklichkeit

2. Berechne die fehlenden Werte.

Größe im Original	20 cm		200 cm	500 cm	40 cm
Verkleinerung	2-fach	20-fach		100-fach	
Maßstab		1 : 20	1 : 10		
Größe in der Abbildung		5 cm			8 cm

3. Zeichne die Figur 2-fach vergrößert.

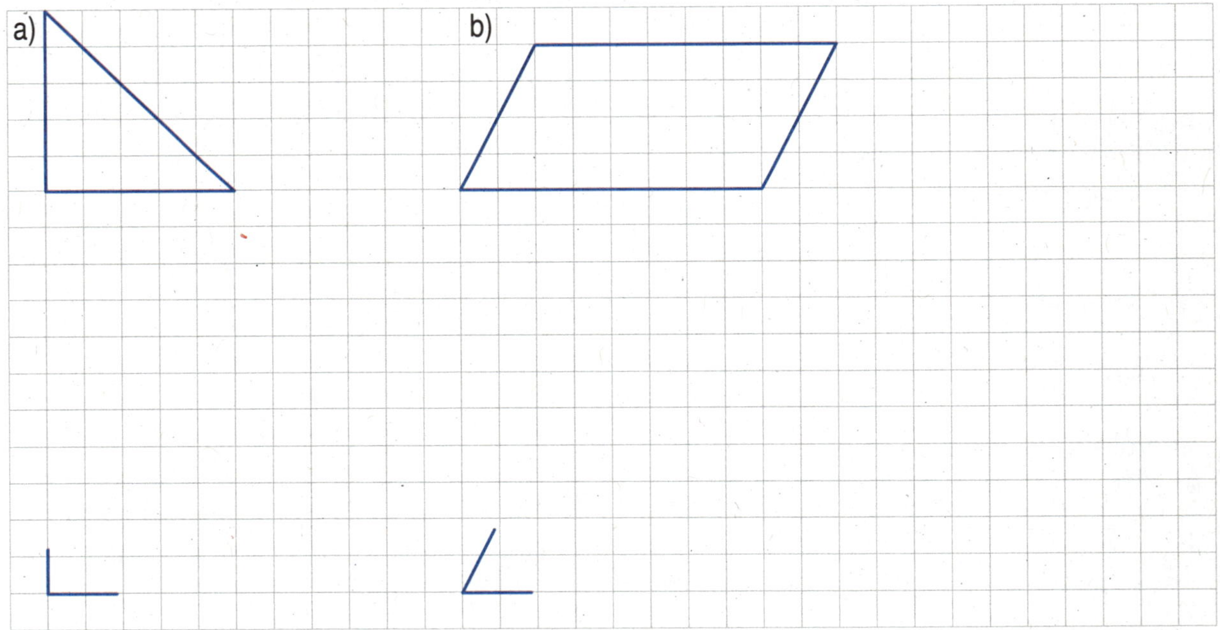

4. In einem Buch sind Tiere vergrößert oder verkleinert abgebildet. Trage ein, wie groß die Tiere in der Wirklichkeit sind.

	Maikäfer	Floh	Amsel	Maus	Reh
Maßstab	6 : 1	10 : 1	1 : 5	1 : 3	1 : 15
Bild	12 cm	4 cm	5 cm	3 cm	5 cm
Wirklichkeit					

Prozent- und Zinsrechnung

7

1. Beim Popkonzert der *Jungen Wilden* bekamen 75 % der Besucherinnen und Besucher einen Sitzplatz. Insgesamt kamen 1 400 Personen zum Konzert.
Wie viele Besucher bekamen einen Sitzplatz? Berechne den Prozentwert.

	%	Besucher	
	100	1 400	Grundwert
	1	14	
Prozentsatz	75		Prozentwert

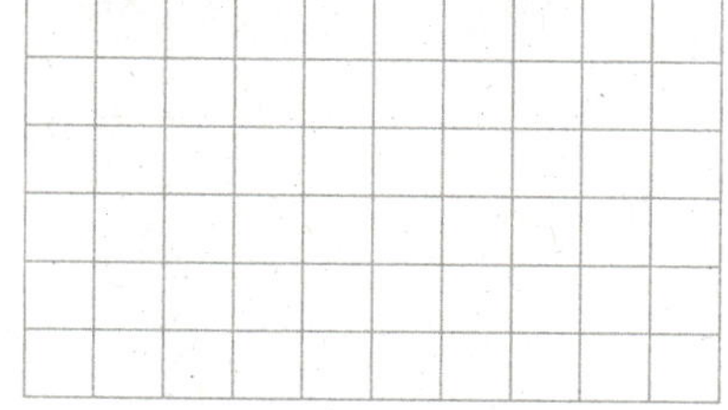

2. Von den 250 Schülern der Uferschule besuchten 75 das Konzert der *Jungen Wilden*.
Wie viel Prozent der Schüler besuchten das Konzert? Berechne den Prozentsatz.

	Schüler	%	
Grundwert	250	100	
	1	0,4	
Prozentwert	75		Prozentsatz

3. Beim nächsten Konzert der *Jungen Wilden* waren 9 % der Besucher jünger als 16 Jahre. Das waren 108 Personen.
Wie viele Besucher hatte dieses Konzert? Berechne den Grundwert.

	%	Personen	
Prozentsatz	9	108	Prozentwert
	1		
	100		Grundwert

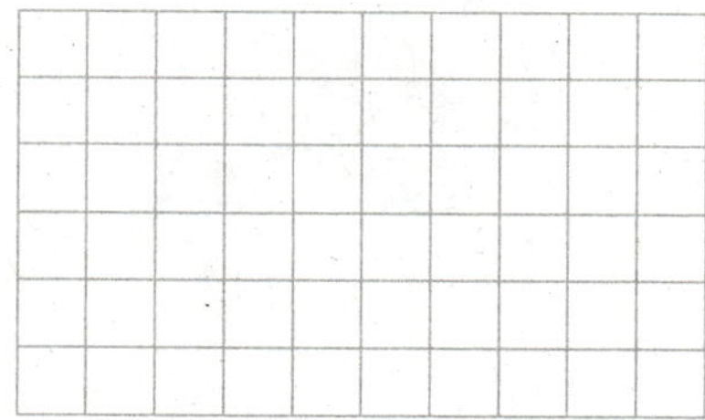

4. Vervollständige die Tabelle.

Grundwert	100 €	400 m		500 kg	300 €	800 €
Prozentsatz		30 %	10 %		20 %	
Prozentwert	20 €		50 m	50 kg		40 €

5. Für drei Konzerte der *Jungen Wilden* wurden 4 000 Eintrittskarten verkauft, davon 800 an Besucher unter 16 Jahren. Wie viel Prozent der Besucher waren jünger als 16 Jahre?

A: ____________________

1. Was musst du berechnen: den Prozentwert, den Prozentsatz oder den Grundwert? Schreibe die Frage auf, dann rechne.

A

Sie sparen 3 600 €, das sind 12 % des Normalpreises.

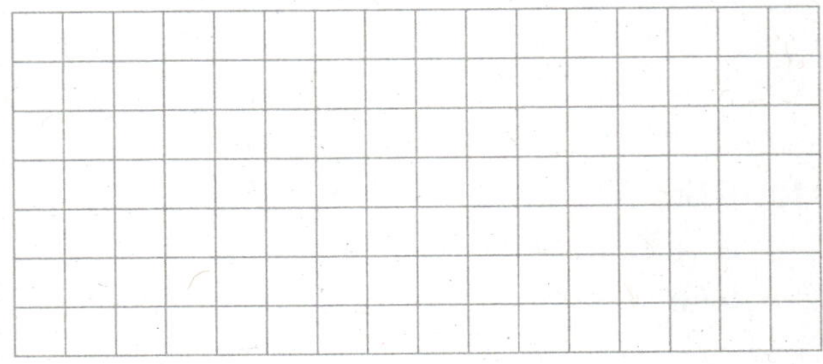

F: ______________________________

A: ______________________________

B

Sie bekommen 7 % Nachlass.

Neupreis 29.000 €

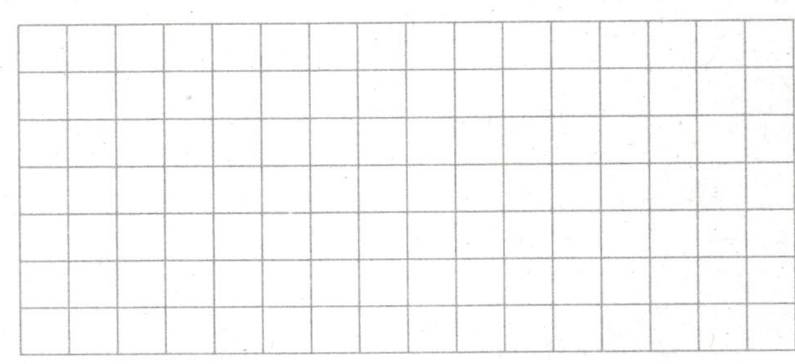

F: ______________________________

A: ______________________________

C

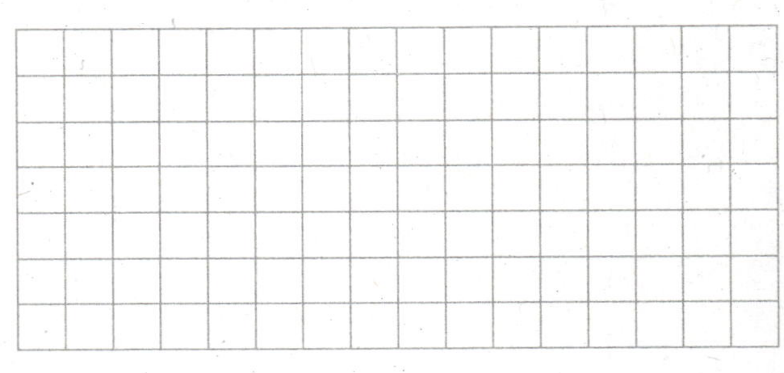

F: ______________________________

A: ______________________________

D

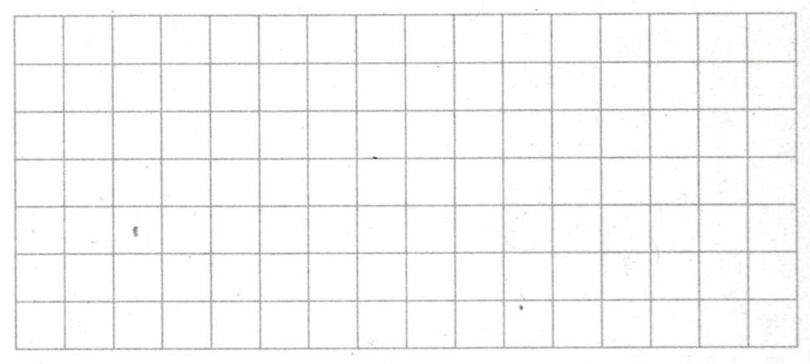

F: ______________________________

A: ______________________________

1. Wie viel Euro sind für jedes Fahrrad zu zahlen?
Vervollständige die Rechnung und schreibe einen Antwortsatz.

A

Ein Fahrrad kostet mit Grundausstattung 480 €.
Mit Sonderausstattung kostet das Fahrrad 20 % mehr.

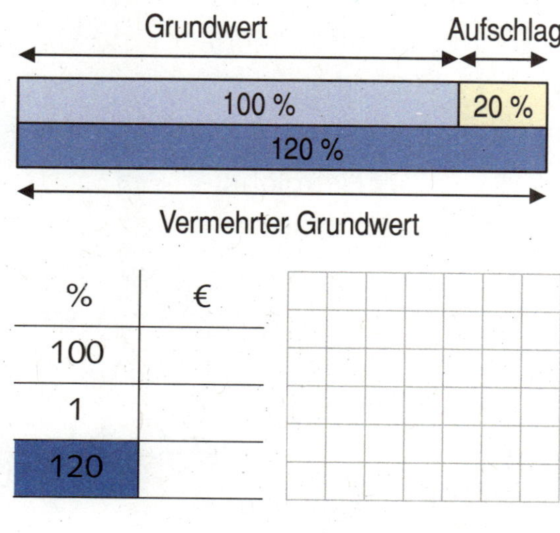

A: ______________________

B

Im letzten Jahr kostete ein Fahrrad 560 €. In diesem Jahr gibt der Händler einen Nachlass von 20 %.

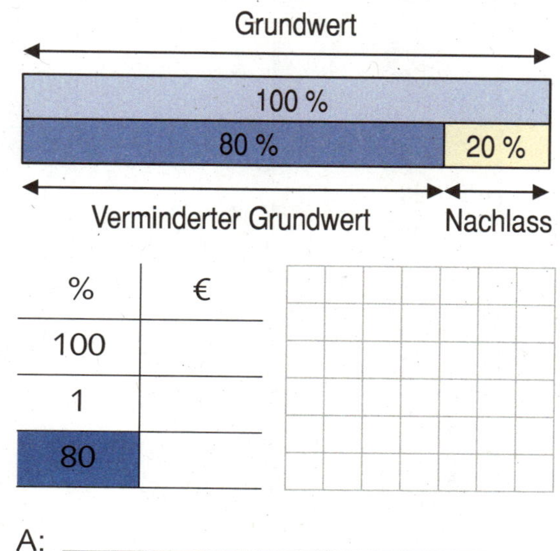

A: ______________________

2. Berechne die Verkaufspreise.

A

Grundausstattung
720 €
Für die Extras nur 12% Aufschlag

Verkaufspreis: ______________

B

Verkaufspreis: ______________

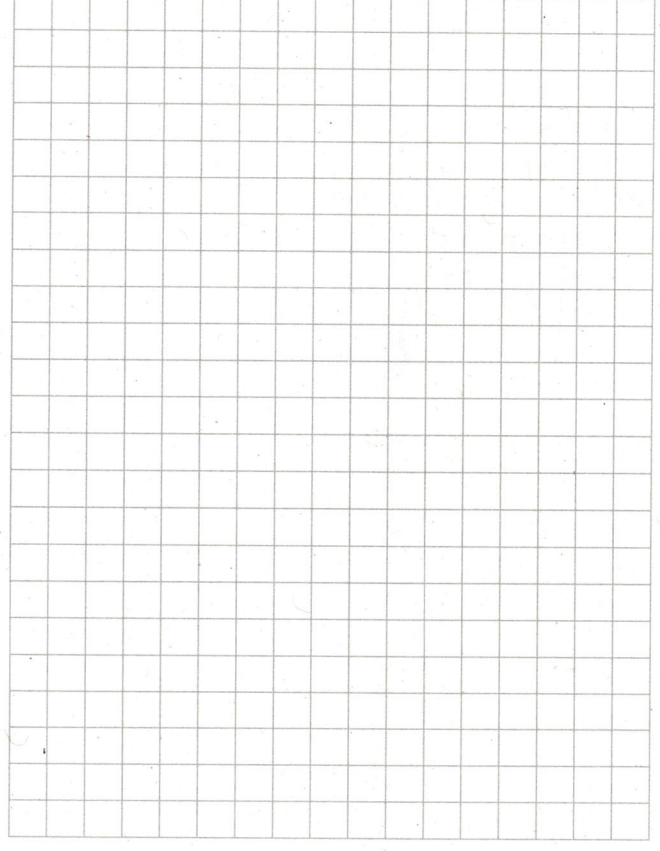

1. Herr Arp hat einen Bruttolohn von 2200 €. Davon werden 12 % Steuern und außerdem Sozialabgaben von 452 € abgezogen. Was bleibt, wird als Nettolohn ausbezahlt.
a) Wie viel Euro betragen die Steuern?
b) Berechne die Abzüge.
c) Berechne den Nettolohn.

Steuern 12 %	
%	€
100	2200
1	
12	

Bruttolohn 2200 €

Steuern: ______
Sozialabgaben: + ______
______
Abzüge: ______

Bruttolohn: ______
Abzüge: – ______
______
Nettolohn: ______

2. Berechne zuerst die Steuern und die Sozialabgaben, dann den Nettolohn von Frau Keck.

Bruttolohn 2500 €

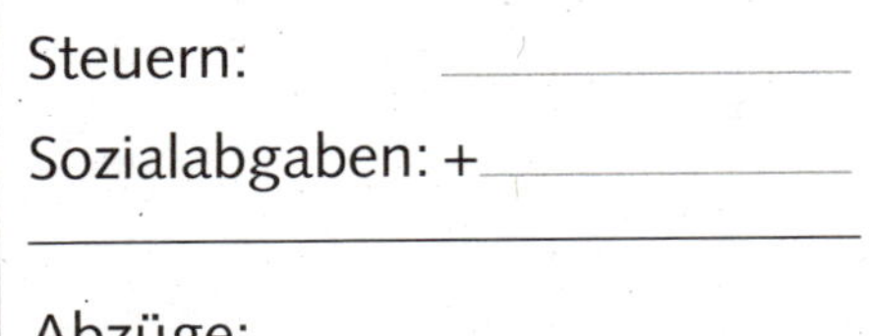
Steuern: ______
Sozialabgaben: + ______
______
Abzüge: ______

Bruttolohn: ______
Abzüge: – ______
______
Nettolohn: ______

Steuern 14 %	
%	€
100	2500
1	
14	

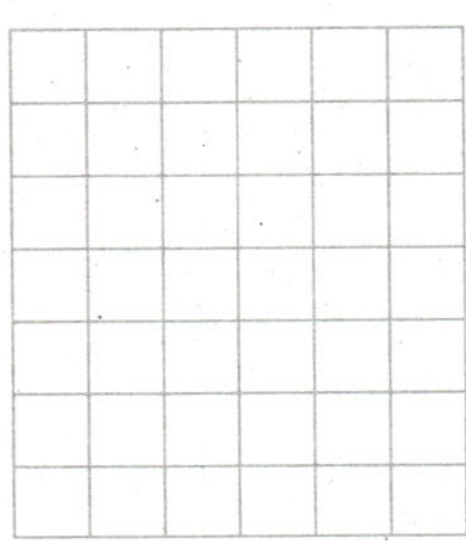

Sozialabgaben 21 %	
%	€
100	2500
1	

3. Der Bruttolohn und der Betrag der Steuern sind angegeben. Berechne den Prozentsatz der Steuern, die abgezogen werden.

a)

Bruttolohn 2000 €
Steuern 160 €

€	%
2000	100
1	0,05
160	

Prozentsatz der Steuern: ______

b)

Bruttolohn 2500 €
Steuern 450 €

€	%

Prozentsatz der Steuern: ______

1. Berechne die neuen Preise.

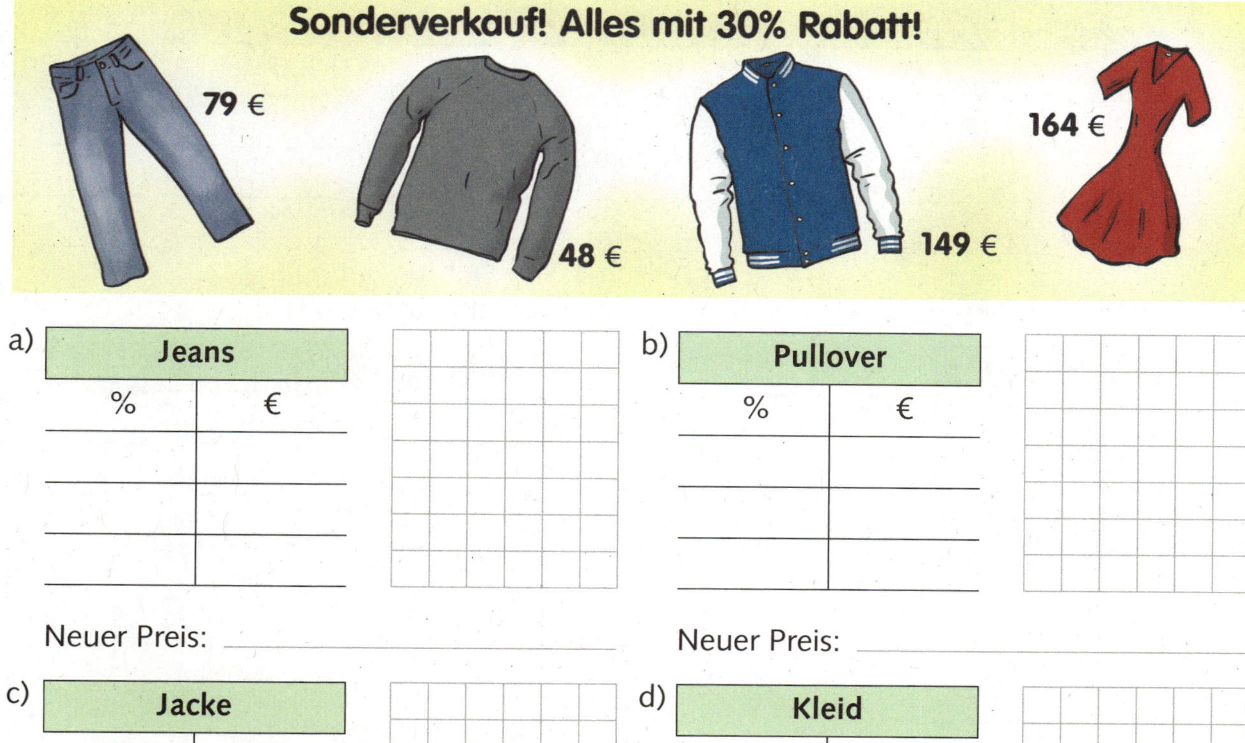
Sonderverkauf! Alles mit 30% Rabatt!
79 €
48 €
149 €
164 €

a)

Jeans	
%	€

Neuer Preis: ____________

b)

Pullover	
%	€

Neuer Preis: ____________

c)

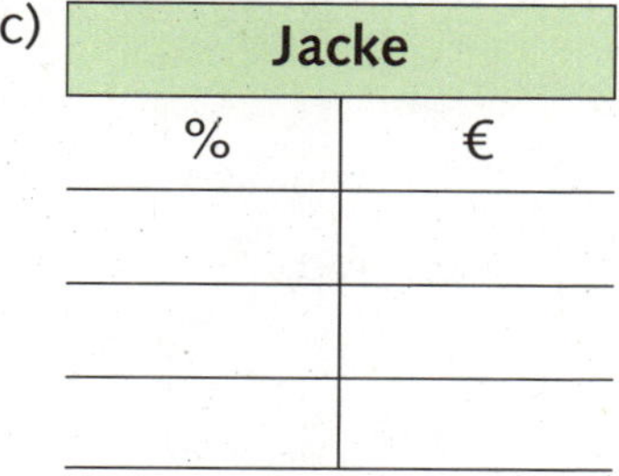

Jacke	
%	€

Neuer Preis: ____________

d)

Kleid	
%	€

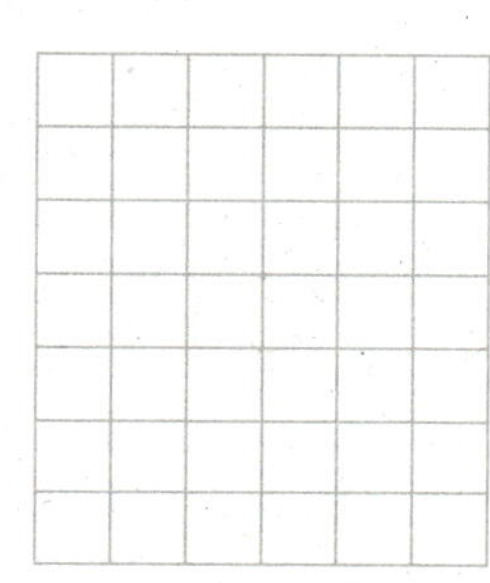

Neuer Preis: ____________

2. Berechne die Preise bei Barzahlung.

250 €
Bei Barzahlung können Sie 3% Skonto abziehen.
Jugendzimmer 1480 €

a)

Bett	
%	€

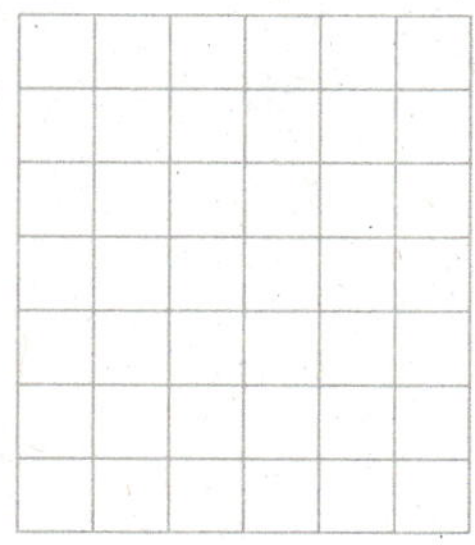

Preis bei Barzahlung: ____________

b)

Jugendzimmer	
%	€

Preis bei Barzahlung: ____________

1. Berechne die Jahreszinsen. Der Zinssatz beträgt immer 3 %.

Kapital 500 €

%	€

Kapital 1 200 €

%	€

Kapital 2 300 €

%	€

2. Berechne die Zinsen für ein Jahr und das Guthaben am Jahresende.

a) Guthaben 1 340 €

Zinssatz: 2 %

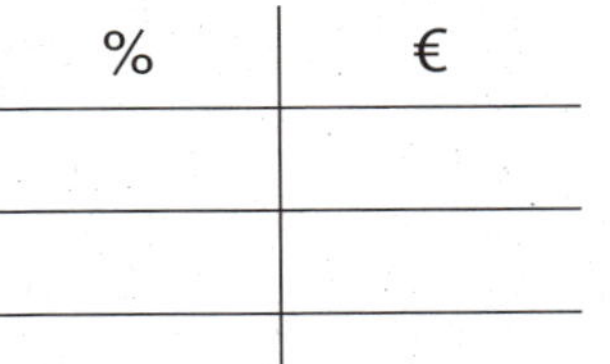

%	€

b) Guthaben 7 480 €

Zinssatz: 3 %

%	€

a) Zinsen für ein Jahr: ______ €

Guthaben am Jahresende: ______ €

b) Zinsen für ein Jahr: ______ €

Guthaben am Jahresende: ______ €

3. Wenn man bei einer Bank Geld leiht, muss man Zinsen zahlen.
Das geliehene Geld nennt man Kredit. Berechne die Zinsen für ein Jahr.

a) Kredit 1 450 €

Zinssatz: 8 %

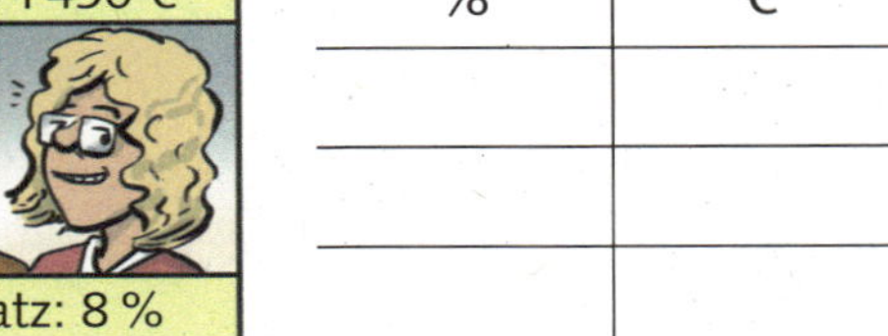

%	€

b) Kredit 5 850 €

Zinssatz: 7 %

%	€

a) Zinsen für ein Jahr: ______ €

b) Zinsen für ein Jahr: ______ €

4. Herr Özkan leiht bei der Bank 5 000 € zum Zinssatz 9 %. Wie viel Euro Zinsen zahlt Herr Özkan in einem Jahr?

A: ______

5. Berechne die Jahreszinsen für ein Kapital von 6 000 €.

Zinssatz	1 %	2 %	3 %	5 %	7 %	9 %
Zinsen für ein Jahr						

1. Frau Bittner hat 12 000 € geerbt. Sie legt das Geld zu einem Zinssatz von 2 % an. Nach 4 Monaten benötigt Frau Bittner das Geld für den Kauf eines Autos. Wie viel Euro Zinsen bekommt sie in dieser Zeit? Berechne zunächst die Jahreszinsen, dann berechne die Zinsen für 4 Monate

Jahreszinsen	
%	€

Monatszinsen	
Monate	€
12	
1	
4	

A: ______

2. Berechne zunächst die Jahreszinsen, dann die Monatszinsen.

A
Kapital 24 000 €
Zinssatz 2 %
Zeit 5 Monate

B
Kredit 4 800
Zinssatz 8 %
Zeit 9 Monate

C
Kapital 18 600
Zinssatz 1,4 %
Zeit 7 Monate

A

Jahreszinsen	
%	€

Monatszinsen	
Monate	€
12	

Monatszinsen: ______

B

Jahreszinsen	
%	€

Monatszinsen	
Monate	€

Monatszinsen: ______

C

Jahreszinsen	
%	€

Monatszinsen	
Monate	€

Monatszinsen: ______

Zinsrechnung am Computer

1. Erstelle das Rechenblatt in einem Tabellenkalkulationsprogramm auf deinem Computer.

	A	B	C
1	**Berechnung der Jahreszinsen**		
2			
3	Kapital	1.800 €	
4	Zinssatz	1,20%	
5	Zinsen		
6			
7	Guthaben am Jahresende		
8			

Hier trägst du die Formel zur Bestimmung der Jahreszinsen ein:
=B3*B4
und bestätigst mit Enter.

2. Welche Formel musst du zur Bestimmung des Guthabens am Jahresende in B7 eingeben? Kreuze an und ergänze am Computer.

☐ =B3+B4 ☐ =B3*B5 ☐ =B3+B5 ☐ =B4*B5

3. Verändere die Werte für Kapital und Zinssatz am Computer und ergänze die Tabellen im Arbeitsheft.

	A	B	C
1	**Berechnung der Jahreszinsen**		
2			
3	Kapital	2.700 €	
4	Zinssatz	1,50%	
5	Zinsen		
6			
7	Guthaben am Jahresende		
8			

	A	B	C
1	**Berechnung der Jahreszinsen**		
2			
3	Kapital	4.370 €	
4	Zinssatz	1,70%	
5	Zinsen		
6			
7	Guthaben am Jahresende		
8			

4. Die Anzahl der Dezimalstellen kann man am Computer einstellen.
Mit diesen Schaltflächen kannst du

Dezimalstellen hinzufügen, (das Ergebnis wird genauer.)

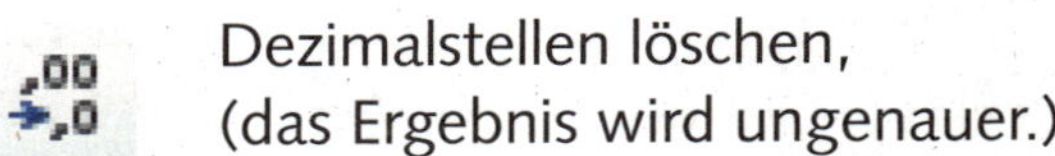

Dezimalstellen löschen, (das Ergebnis wird ungenauer.)

a) Übertrage das Rechenblatt und berechne auf 4 Dezimalstellen.

	A	B	C
1	**Berechnung der Jahreszinsen**		
2			
3	Kapital	5.373 €	
4	Zinssatz	1,90%	
5	Zinsen		
6			
7	Guthaben am Jahresende		
8			

b) Übertrage das Rechenblatt und berechne auf 1 Dezimalstelle.

	A	B	C
1	**Berechnung der Jahreszinsen**		
2			
3	Kapital	3.865 €	
4	Zinssatz	0,90%	
5	Zinsen		
6			
7	Guthaben am Jahresende		
8			

5. Für ein Kapital von 3 200 € erhält Bernd 48 € Jahreszinsen.
Welchem Zinssatz entspricht das? Kreuze an und überprüfe.

☐ 2 % ☐ 5 % ☐ 1,5 % ☐ 0,5 %

1. Jessica bekommt bei ihrer Bank einen Zinssatz von 2,2 %. Ihr Kapital beträgt 4 500 €. Nach 8 Monaten braucht sie das Geld und hebt es mit Zinsen ab. Welche Formeln stehen in B7 und in B8? Ordne zu.

______ =B6/12

______ =B7*B5

	A	B
1	**Berechnung der Monatszinsen**	
2		
3	Kapital	4.800 €
4	Zinssatz	2,20%
5	Zeit in Monaten	8
6	Jahreszinsen	105,60 €
7	Monatszinsen	8,80 €
8	Zinsen für die Anlagezeit	70,40 €

2. a) Übertrage das Rechenblatt in ein Tabellenkalkulationsprogramm auf deinem Computer. Verwende die Formeln für die Zellen B6, B7 und B8.

b) Verändere die Werte für Kapital, Zinssatz und Zeit am Computer und ergänze die Tabellen im Arbeitsheft.

	A	B
1	**Berechnung der Monatszinsen**	
2		
3	Kapital	5.300 €
4	Zinssatz	1,80%
5	Zeit in Monaten	5
6	Jahreszinsen	
7	Monatszinsen	
8	Zinsen für die Anlagezeit	
9		

	A	B
1	**Berechnung der Monatszinsen**	
2		
3	Kapital	2.480 €
4	Zinssatz	1,70%
5	Zeit in Monaten	7
6	Jahreszinsen	
7	Monatszinsen	
8	Zinsen für die Anlagezeit	
9		

3. Frau Keller leiht bei der Bank 8 500 €. Die Bank verlangt 8,4 % Zinsen. Nach 10 Monaten zahlt sie den Kredit und die angefallenen Zinsen zurück.

a) Welche Formeln stehen in den Zellen B6, B7, B8 und B9? Ordne zu und übertrage die Tabelle auf deinen Computer.

	A	B
1	**Berechnung des Rückzahlungsbetrags**	
2		
3	Kredit	8.500 €
4	Zinssatz	8,40%
5	Zeit in Monaten	10
6	Jahreszinsen	714,00 €
7	Monatszinsen	59,50 €
8	Kreditzinsen	595,00 €
9	Rückzahlungsbetrag	9.095,00 €
10		

B6 B7 B8 B9

=B7*B5 =B3+B8 =B3*B4 =B6/12

b) Nach wie viel Monaten müsste Frau Keller den Kredit spätestens zurückzahlen, damit der Rückzahlungsbetrag unter 9 000 € bleibt? Du kannst es durch Probieren am Computer herausfinden.

A: ____________________

1. Berechne immer den Prozentwert.

a) 24 % von 3 250 Autos

_______________ Autos

b) 55 % von 5 720 Personen

_______________ Personen

2. Berechne die Verkaufspreise.

a)

Verkaufspreis: _______________

b)

Verkaufspreis: _______________

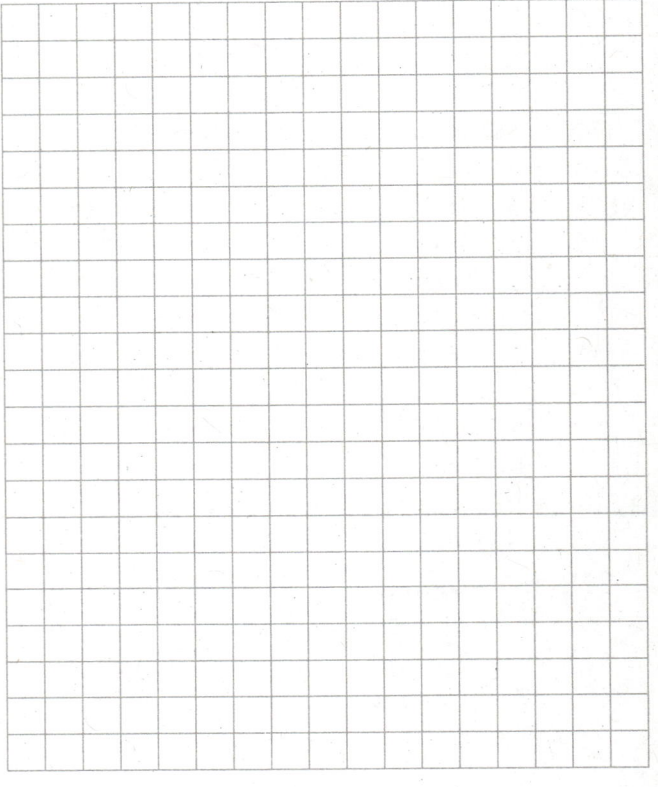

3. Kreuze die richtige Aussage an.

Brutto ist immer mehr als Netto.	☐
Brutto ist immer weniger als Netto.	☐

4. 5 750 € werden 9 Monate lang mit einem Zinssatz von 1,2 % verzinst.
Berechne die Monatszinsen.

Jahreszinsen	
%	€

Monatszinsen	
Monate	€

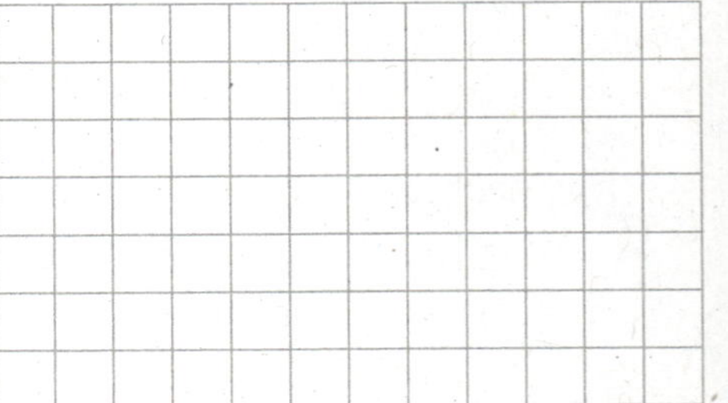

Flächen- und Körperberechnungen 8

1. Berechne den Flächeninhalt und den Umfang der Figur.

a) 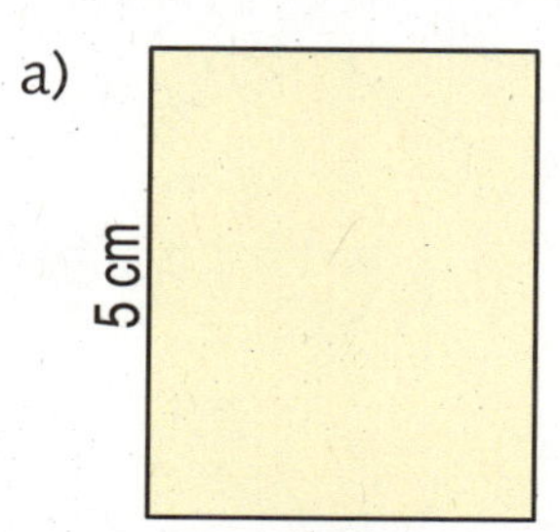

b) 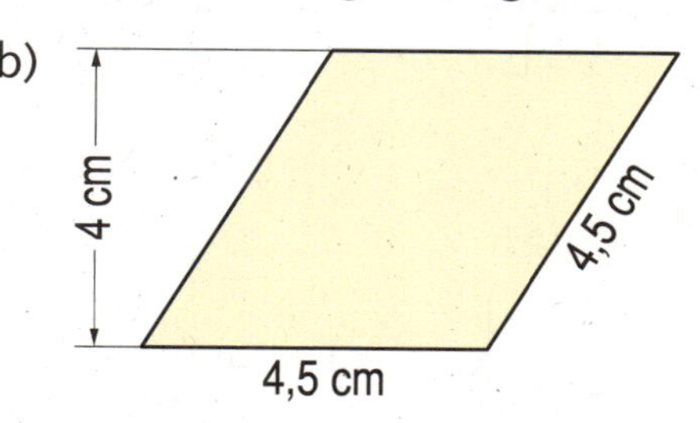

c) 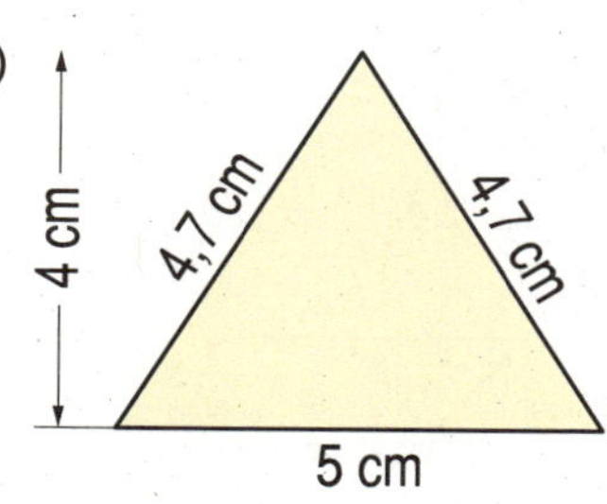

a)	b)	c)
A = ______	A = ______	A = ______
A = ______	A = ______	A = ______
A = ______	A = ______	A = ______
u = ______	u = ______	u = ______
u = ______	u = ______	u = ______
u = ______	u = ______	u = ______

2. Familie Ercan baut ein Haus auf dem Grundstück. Berechne den Flächeninhalt des Grundstücks und die Länge des Zaunes.

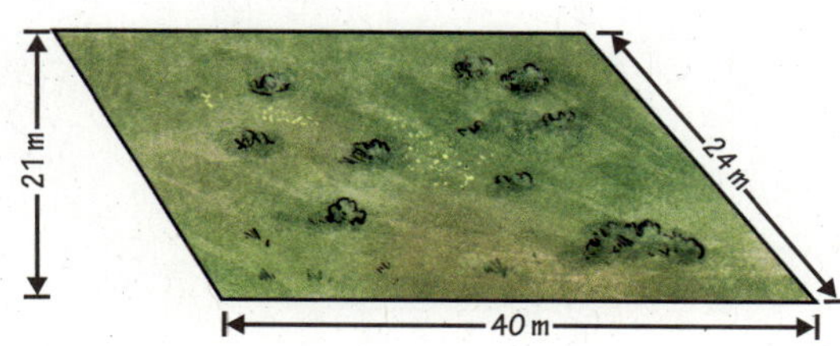

Flächeninhalt des Grundstücks: ______ Länge des Zaunes: ______

3. Um die Wiese wird ein Zaun gezogen. Berechne den Flächeninhalt der Wiese und die Länge des Zaunes.

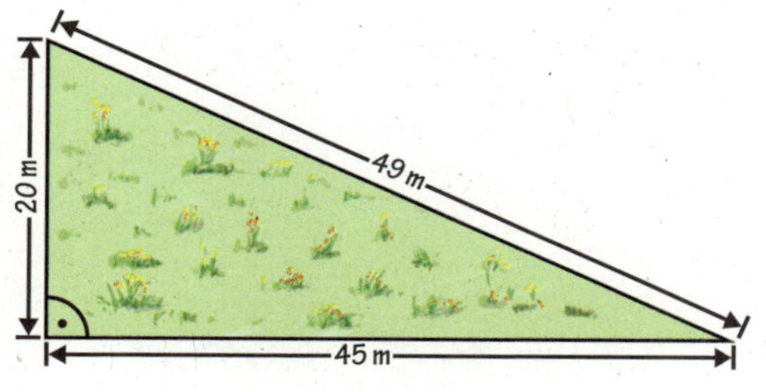

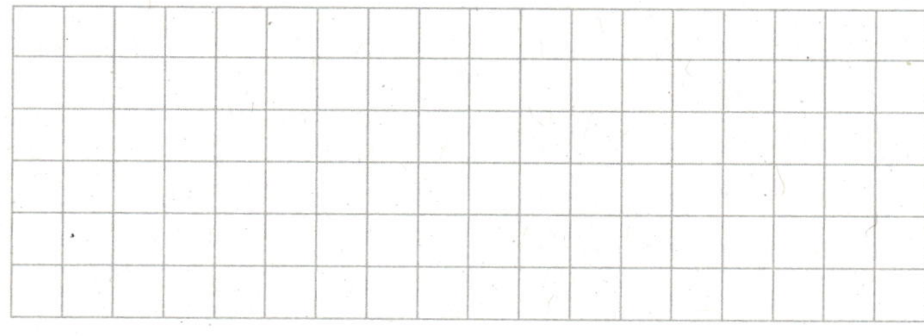

Flächeninhalt der Wiese: ______ Länge des Zaunes: ______

1. Berechne den Flächeninhalt der farbigen Figur.

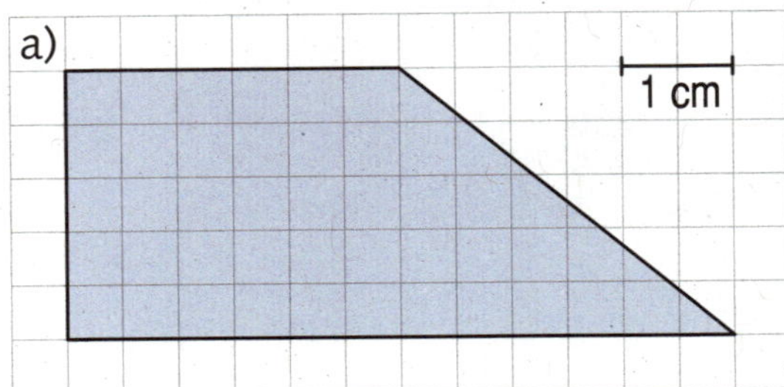

A =

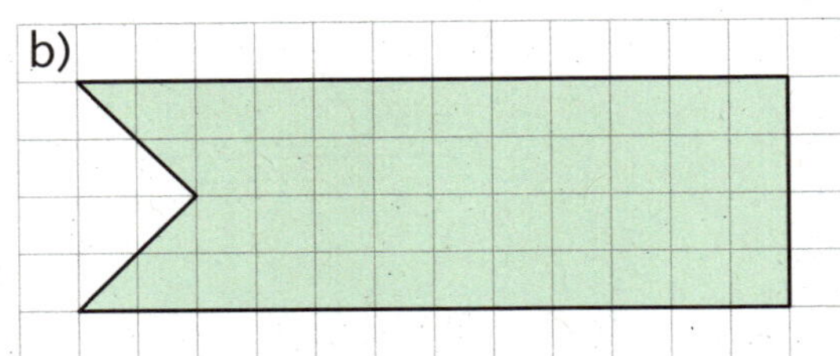

A =

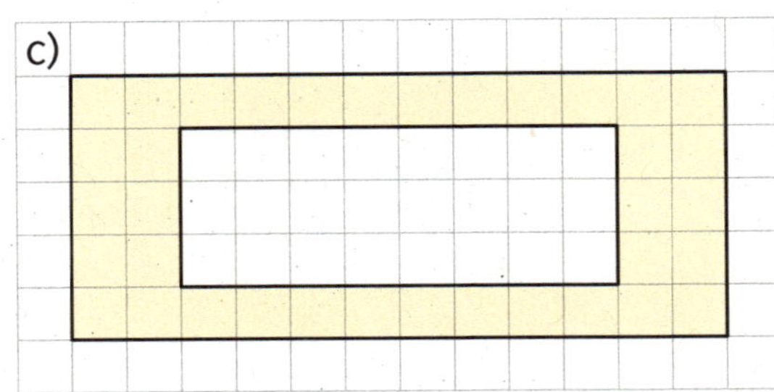

A =

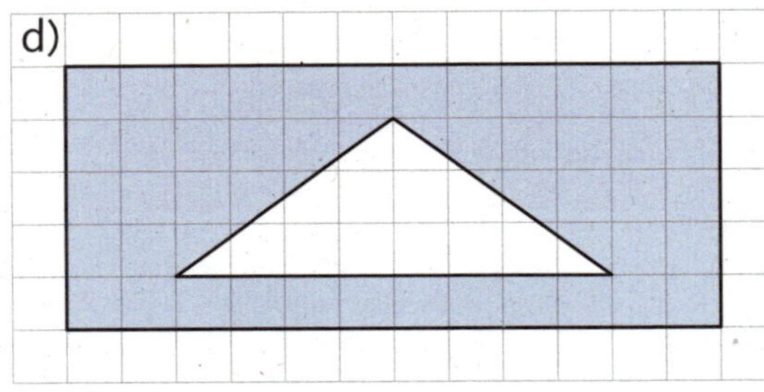

A =

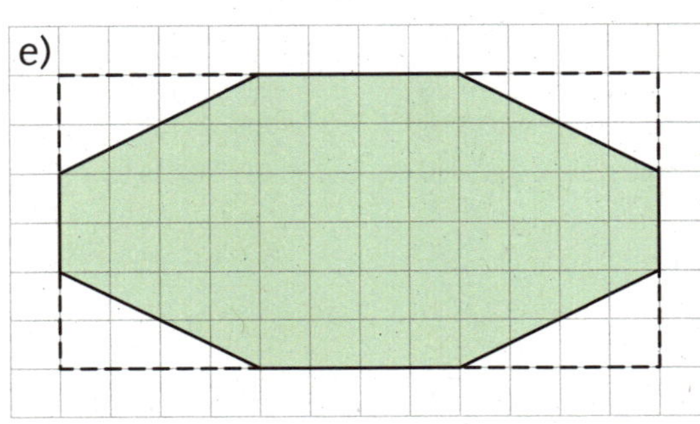

A =

1. Zeynep und Lukas messen immer den Umfang und den Durchmesser. Wie lang ist ungefähr der Umfang u eines Kreises mit dem Durchmesser d = 8 cm?

A: ______________________________

2. Wie groß ist ungefähr der Umfang der Räder?

a) d = 90 cm

u ≈ ____________

u ≈ ____________

u ≈ ____________

b) d = 70 cm

u ≈ ____________

u ≈ ____________

u ≈ ____________

c) d = 50 cm

u ≈ ____________

u ≈ ____________

u ≈ ____________

d) d = 120 cm

u ≈ ____________

u ≈ ____________

u ≈ ____________

3. Der Radius ist angegeben. Berechne den Durchmesser. Trage ihn ein. Durch Überschlagen findest du heraus, welches Ergebnis für den Umfang des Kreises stimmt. Kreuze an.

a) r = 15 cm

d = ____________

☐ u = 94 cm

☐ u = 75 cm

☐ u = 124 cm

b) r = 2 cm

d = ____________

☐ u = 17,4 cm

☐ u = 15,3 cm

☐ u = 12,6 cm

c) r = 24 cm

d = ____________

☐ u = 169 cm

☐ u = 151 cm

☐ u = 142 cm

d) r = 33 cm

d = ____________

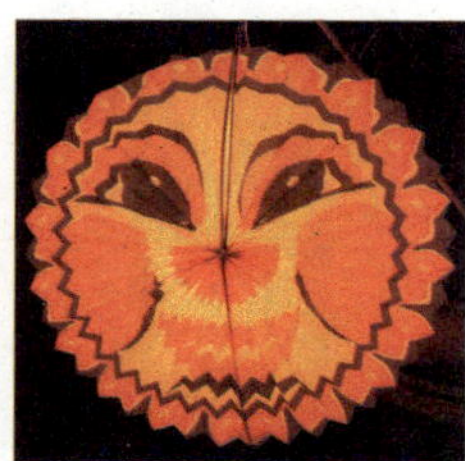

☐ u = 189 cm

☐ u = 241 cm

☐ u = 207 cm

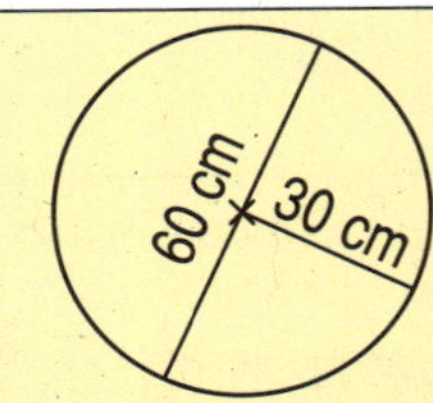

Für den Umfang des Kreises gilt:

$u = \pi \cdot d$ $u = 2 \cdot \pi \cdot r$ Wir rechnen mit $\pi = 3{,}14$.

$u = 3{,}14 \cdot 60$ cm $u = 2 \cdot 3{,}14 \cdot 30$ cm
$u = 188{,}40$ cm $u = 188{,}40$ cm

1. Durchmesser d oder Radius r des Kreises sind gegeben. Berechne den Umfang u.

a) 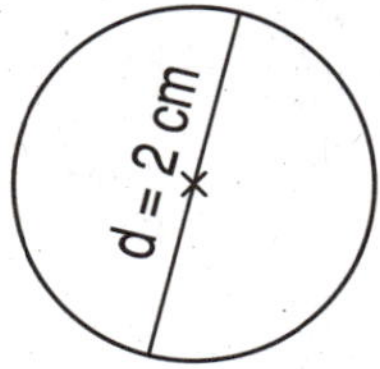

$u = \pi \cdot d$ ______

u = ______

u = ______

b) 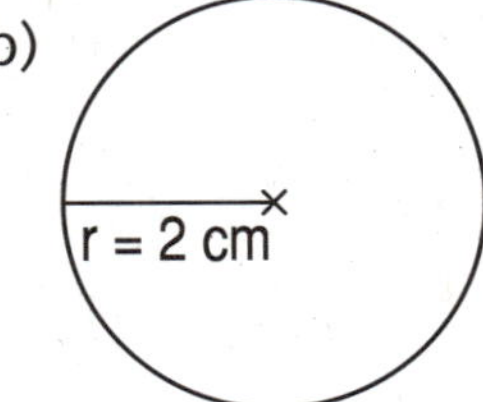

$u = 2 \cdot \pi \cdot r$ ______

u = ______

u = ______

c) 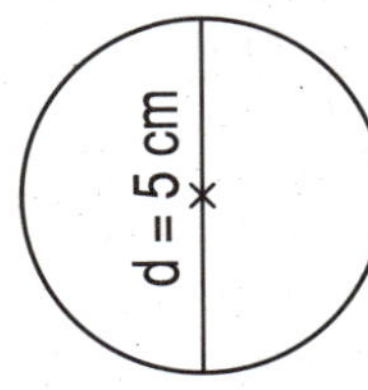

u = ______

u = ______

u = ______

d) 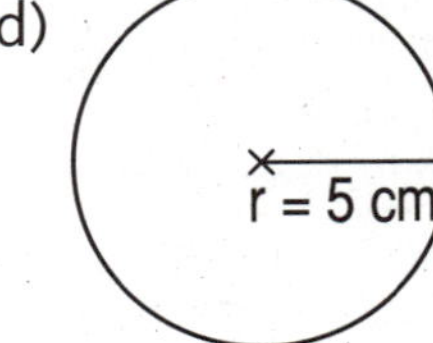

u = ______

u = ______

u = ______

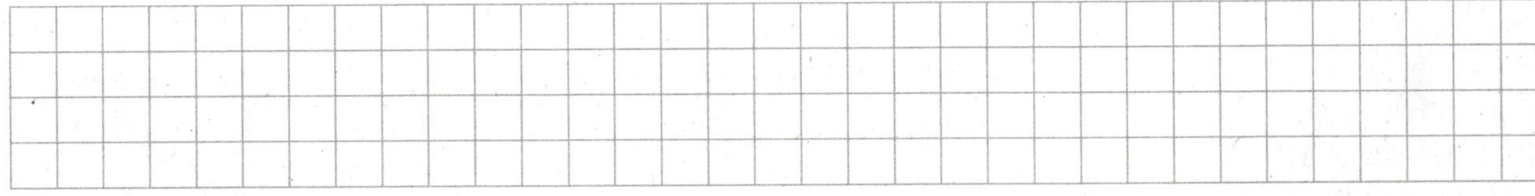

2. Berechne die fehlenden Werte für den Kreis.

	a)	b)	c)	d)	e)	f)
Radius (r)	4 cm	5 cm	20 cm	40 cm		
Durchmesser (d)					14 cm	22 cm
Umfang (u)						

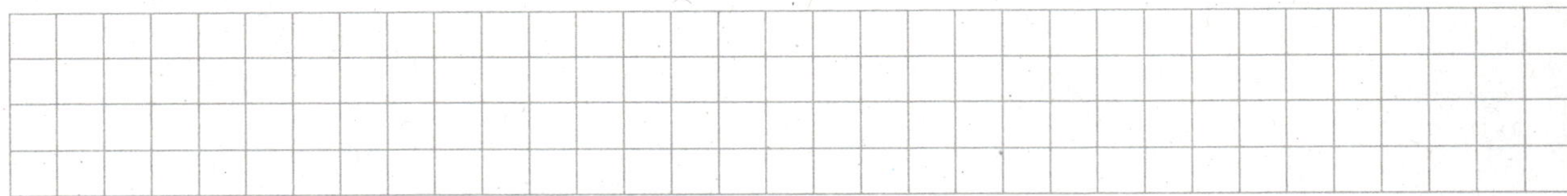

3. Die größte Turmuhr der Welt befindet sich auf dem Royal Clock Tower Hotel in Mekka.

kleiner Zeiger 18 m
großer Zeiger 22 m

a) Welchen Weg legt die Spitze des großen Zeigers in einer Stunde zurück?

A: ______

b) Welchen Weg legt die Spitze des kleinen Zeigers an einem Tag zurück?

A: ______

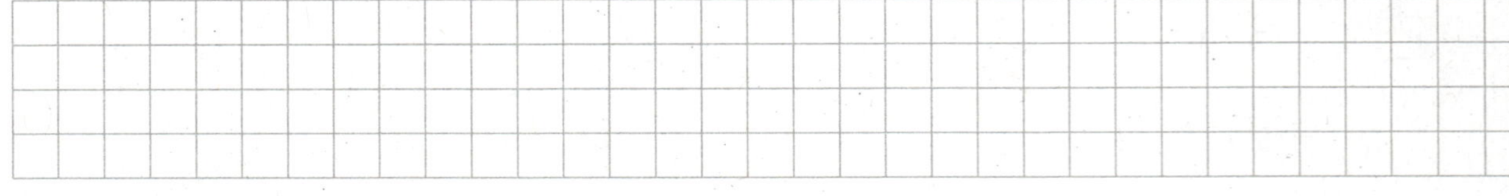

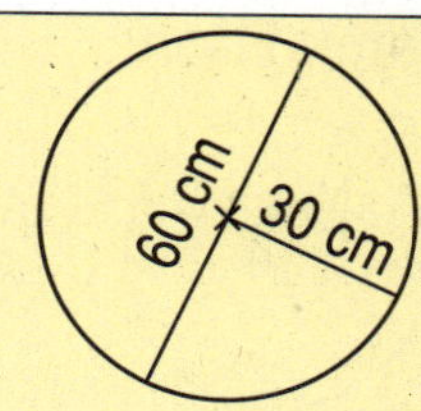

Für den Flächeninhalt des Kreises gilt:

$A = \pi \cdot r^2$

$A = 3{,}14 \cdot 30^2$ ($30^2 = 30 \cdot 30$)

$A = 2826\ cm^2$

Wir rechnen mit $\pi = 3{,}14$.

1. Der Radius r des Kreises ist gegeben. Berechne den Flächeninhalt A.

a) 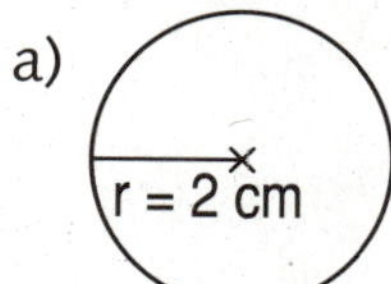

b) 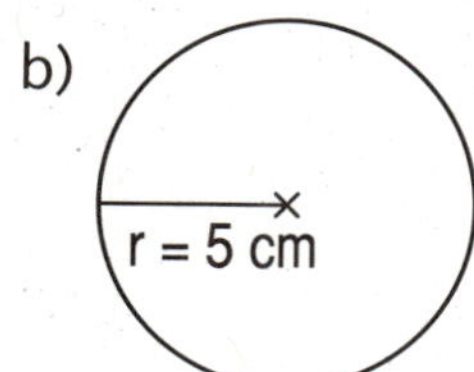

c) 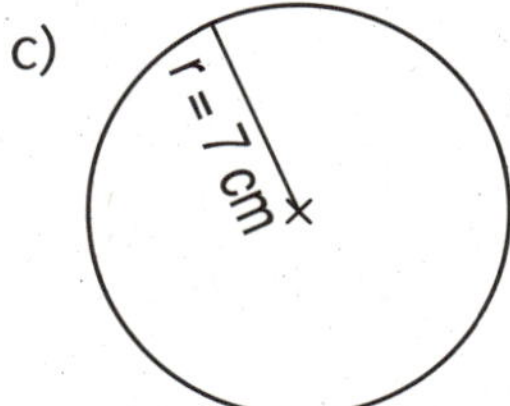

d) 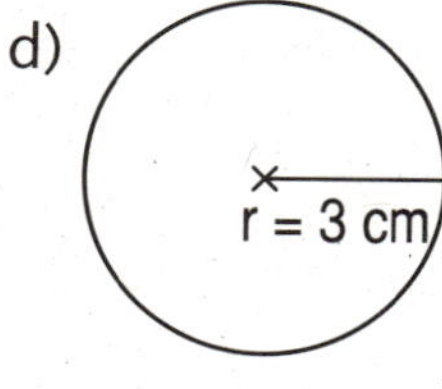

a) $A = \pi \cdot r^2$ ______
$A = 3{,}14 \cdot 2 \cdot 2$ ______
A = ______

b) A = ______
A = ______
A = ______

c) A = ______
A = ______
A = ______

d) A = ______
A = ______
A = ______

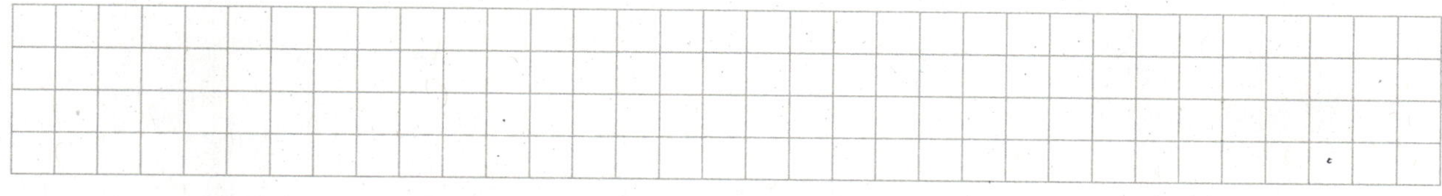

2. Berechne die fehlenden Werte für den Kreis.

	a)	b)	c)	d)	e)	f)
Radius (r)				23 cm	34 cm	
Durchmesser (d)	12 cm	30 cm	50 cm			34 cm
Flächeninhalt (A)						

3. Eine Ziege ist an einem Pfahl auf der Wiese angeleint. Die Leine ist 4 m lang.

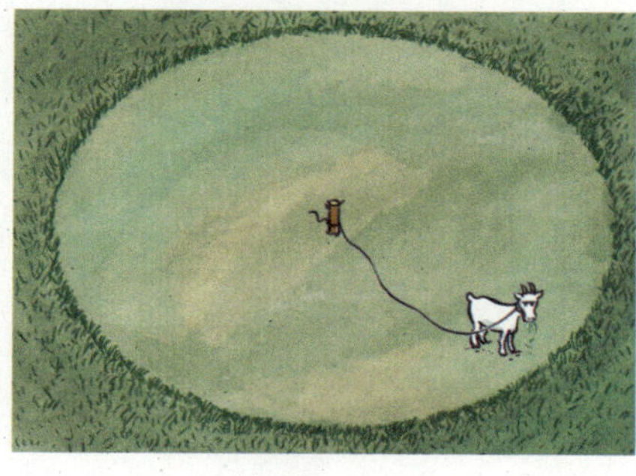

a) Wie groß ist die Fläche, auf der die Ziege grasen kann?

A: ______

b) Die Länge der Leine wird verdoppelt. Wie groß ist jetzt die Fläche, auf der die Ziege grasen kann?

A: ______

1. Der Radius des Kreises beträgt 4 cm. Berechne den Flächeninhalt der gefärbten Fläche.

a) 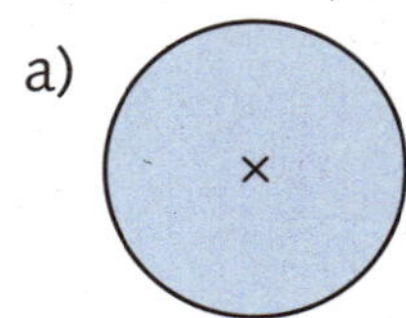

b)

c) 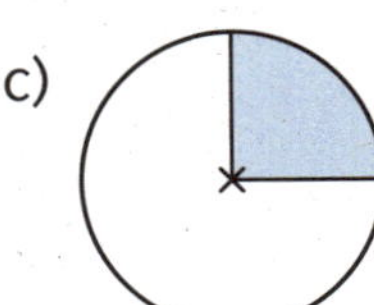

d)

A = ________ A = ________ A = ________ A = ________

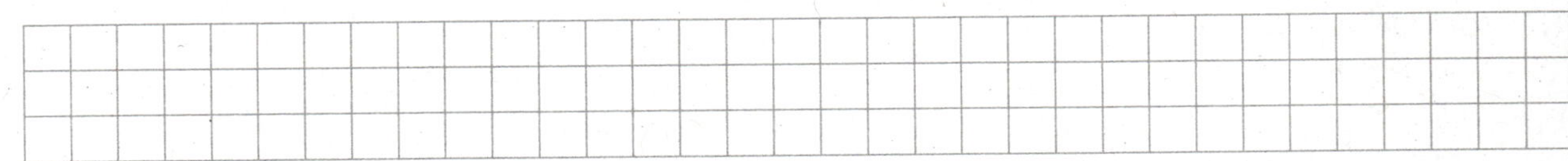

2. Beim Bringdienst gibt es zwei Pizza-Angebote zum gleichen Preis. Bei welchem Angebot bekommt man mehr Pizza?

Halbe Maxi-Pizza
Durchmesser 44 cm

Kleine Pizza
Durchmesser 22 cm

A: ________________

3. Auf einer Verkehrsinsel werden ein kreisrundes Blumenbeet und eine ringförmige Rasenfläche angelegt. Berechne die angegebenen Größen.

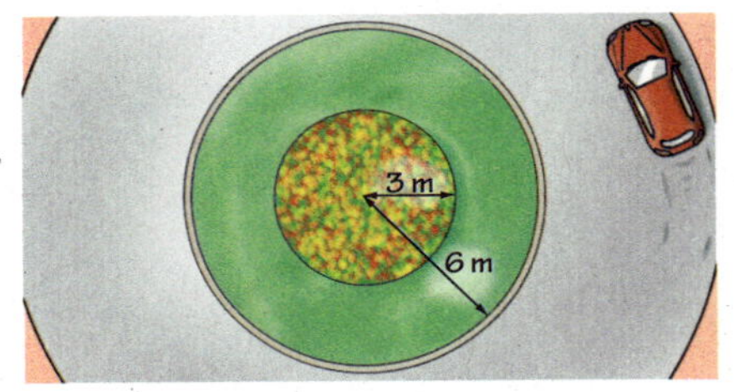

Größe der Verkehrsinsel: ____________

Größe des Blumenbeetes: ____________

Größe der Rasenfläche: ____________

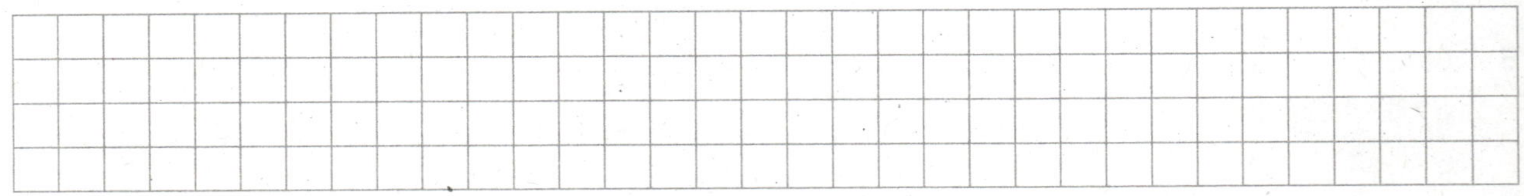

4. Berechne den Flächeninhalt der gefärbten Fläche.

a) 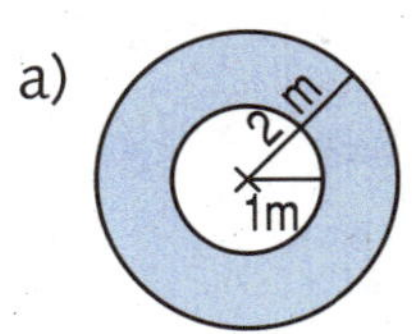

b) 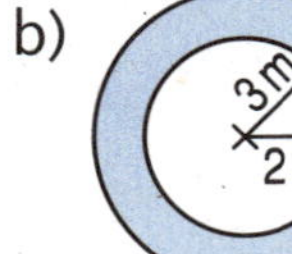

A = ________ A = ________

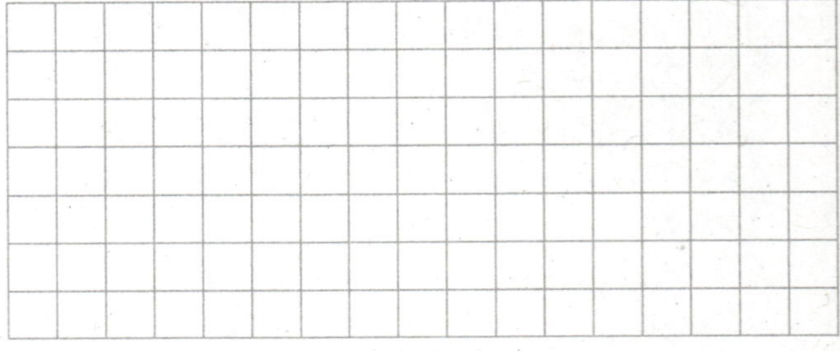

1. Berechne den Flächeninhalt der gefärbten Figur.

a)

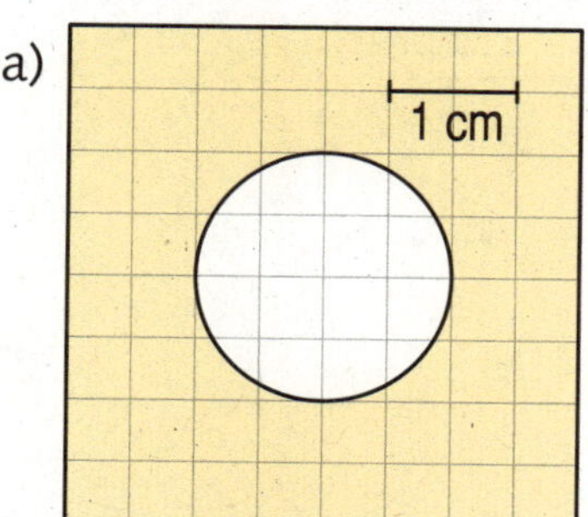

A = ____________________

b)

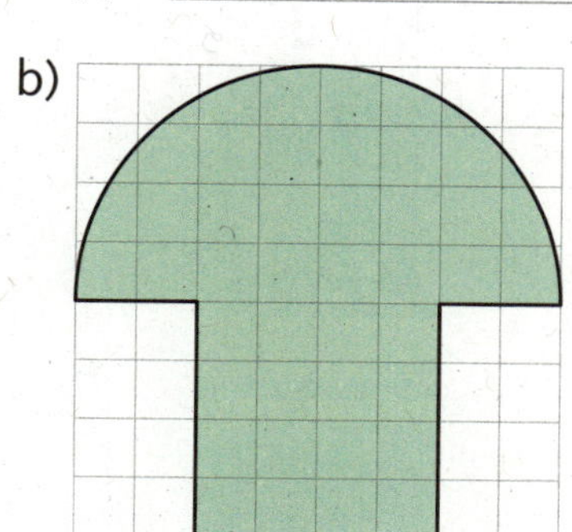

A = ____________________

2. Aus einem rechteckigen Blech wird ein Werkstück hergestellt. Berechne den Flächeninhalt.

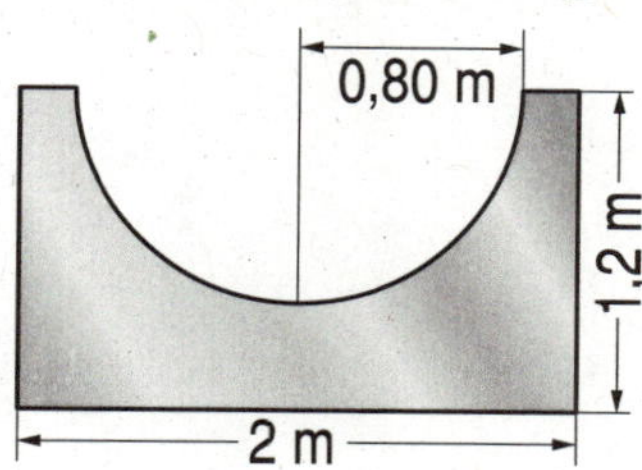

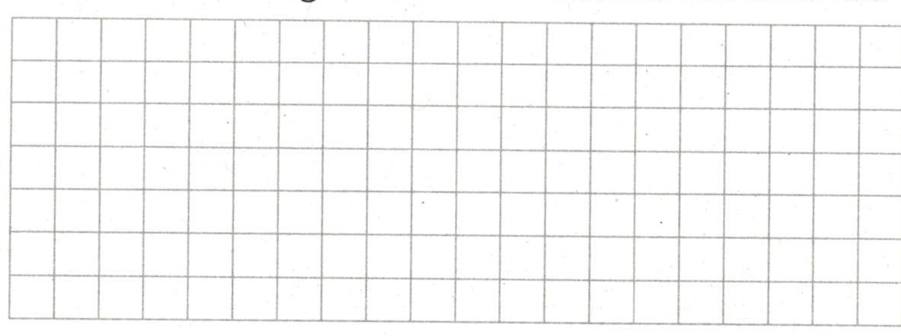

A = ____________________

3. Für eine Verkaufsaktion werden mehrere Dosen mit einem Band umwickelt. Ergänze die fehlenden Maße und berechne die Länge des Bandes.

a)

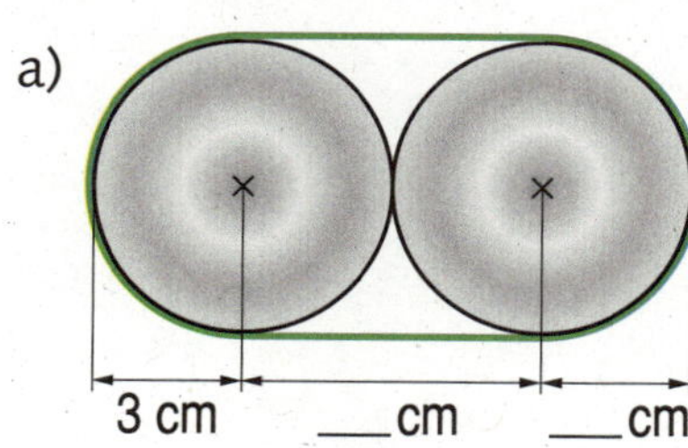

Länge des Bandes: ____________________

b)

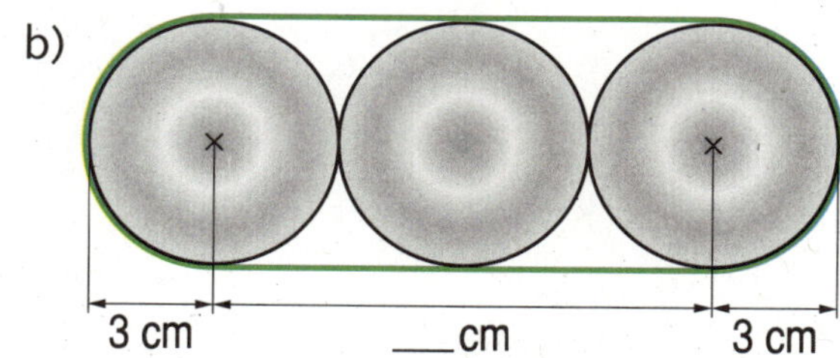

Länge des Bandes: ____________________

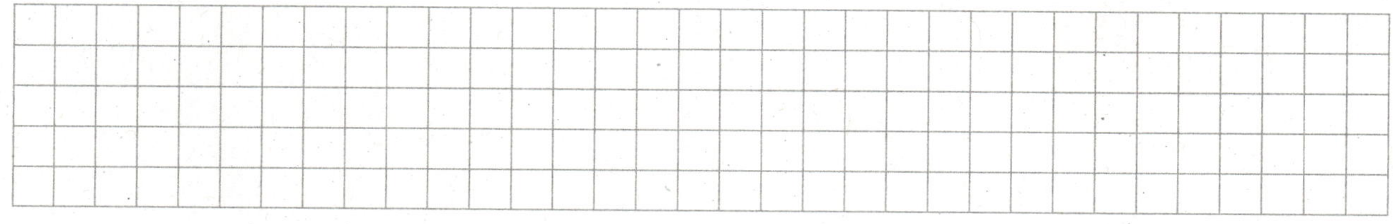

Oberfläche des Prismas

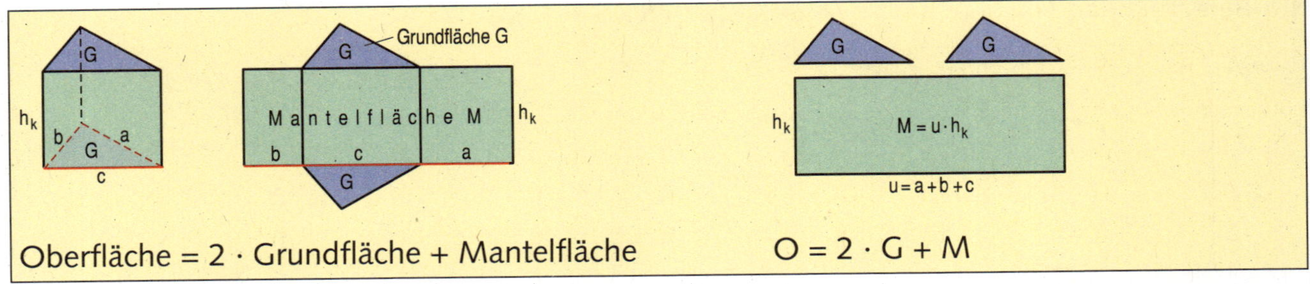

1. Berechne zuerst die Grundfläche und die Mantelfläche, dann die Oberfläche des Prismas.

a)

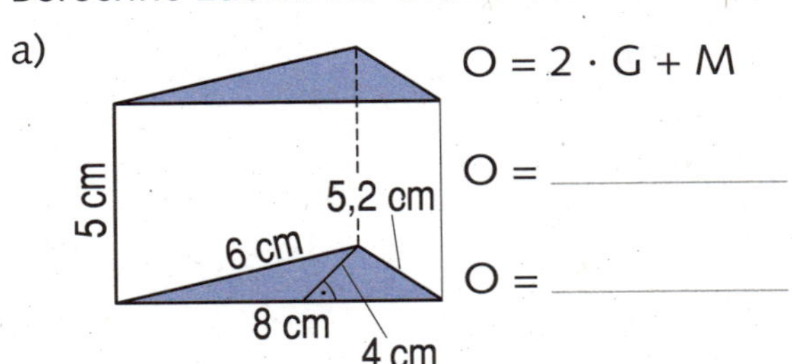

$O = 2 \cdot G + M$

O = ____________

O = ____________

$G = \frac{g \cdot h}{2}$ $M = u \cdot h_k$

$G = \frac{8 \cdot 4}{2}$ $M = 19{,}2 \cdot 5$

G = cm² M = cm²

b)

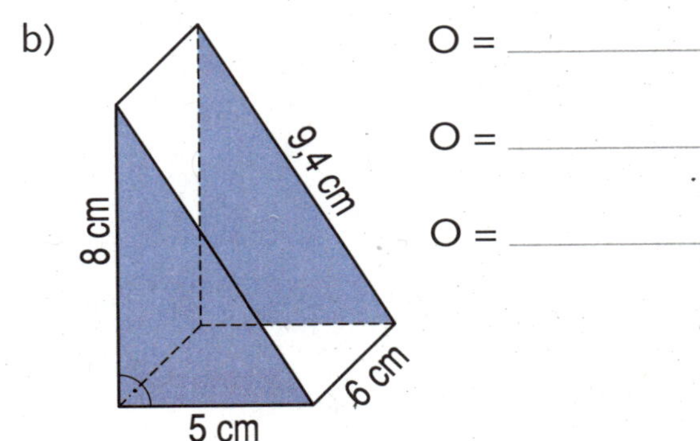

O = ____________

O = ____________

O = ____________

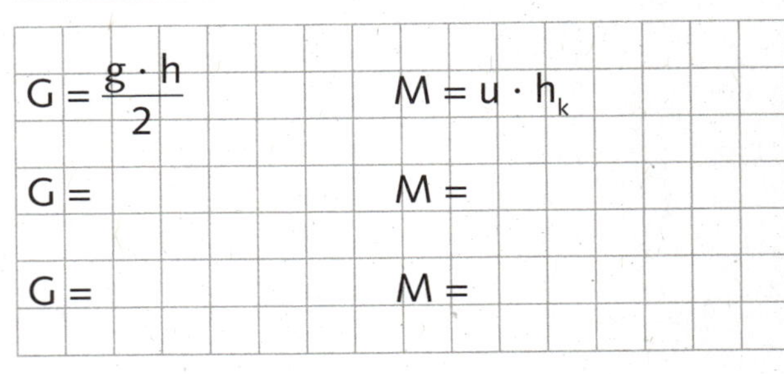

2. Wie viel cm² Pappe werden für die Verpackung mindestens benötigt?

a)

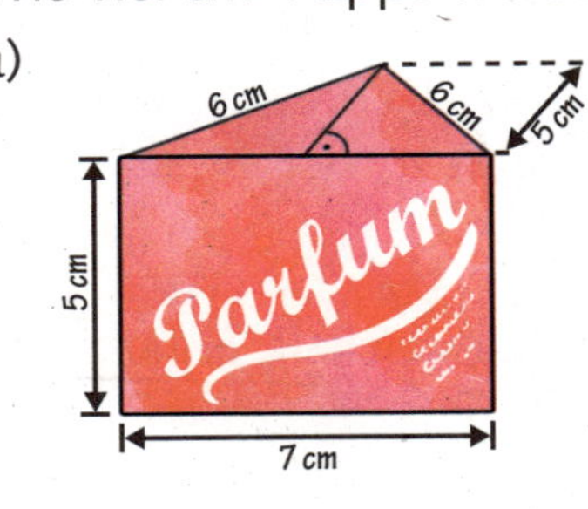

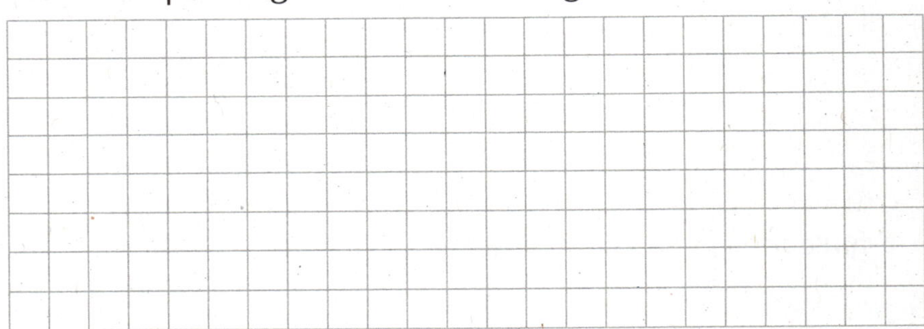

A: ____

b)

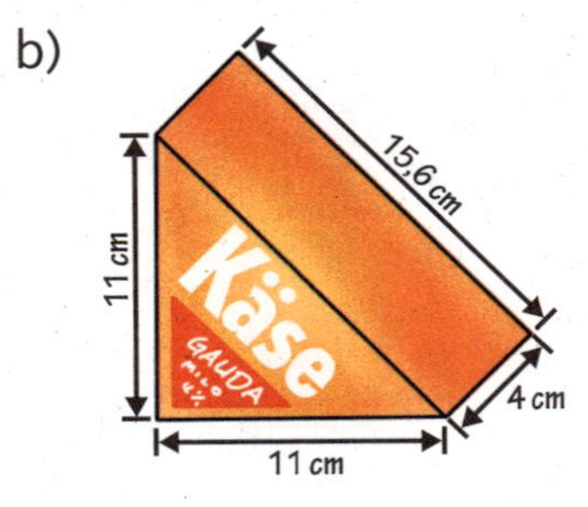

A: ____

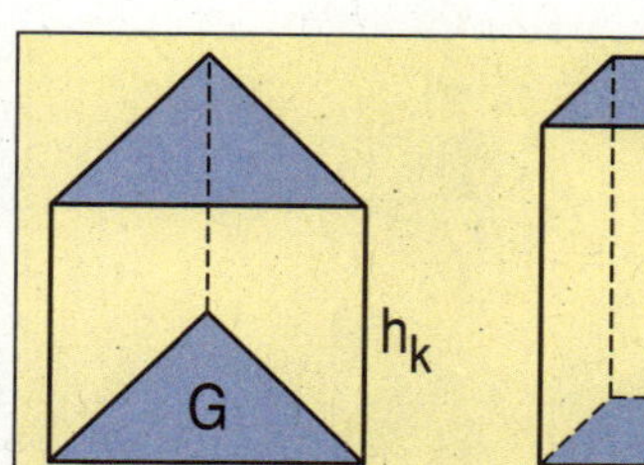

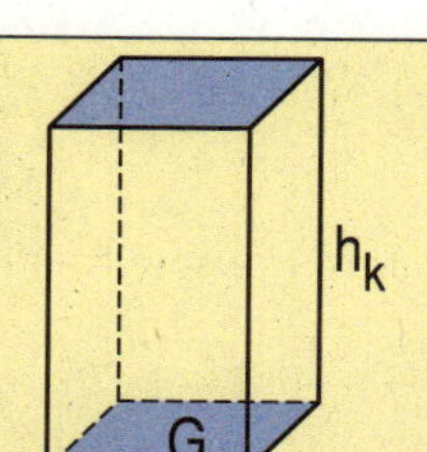

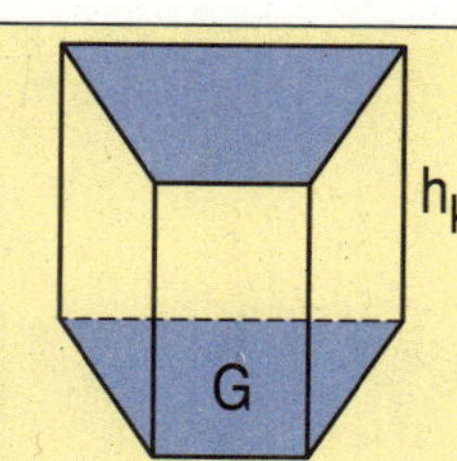

Volumen = Grundfläche · Körperhöhe
$V = G \cdot h_k$

1. Berechne zuerst die Grundfläche und dann das Volumen des Prismas.

a)

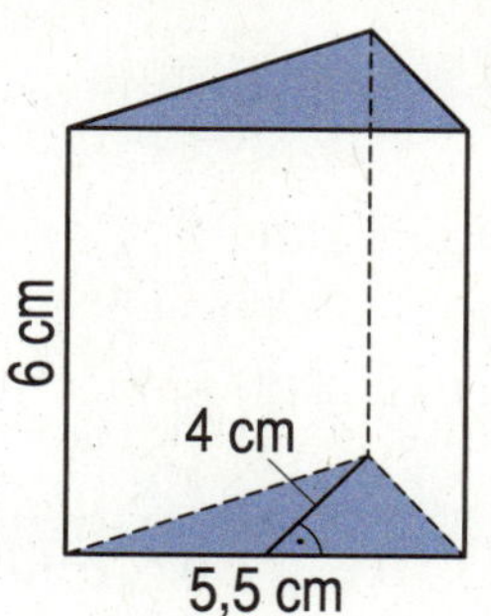

V = ______

V = ______

V = ______

$G = \frac{g \cdot h}{2}$

$G = \frac{5,5 \cdot 4}{2}$

G = ______ cm²

b)

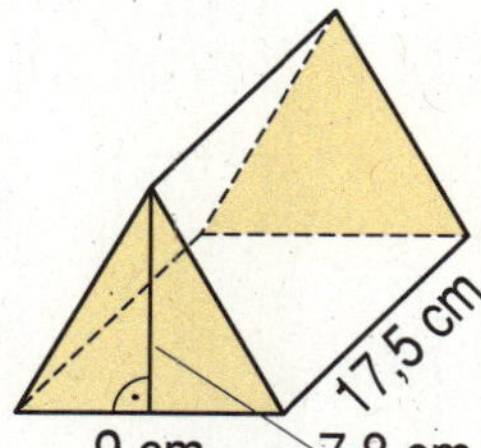

V = ______

V = ______

V = ______

2. Wie viel cm³ Müsli passen in das Paket?

a)

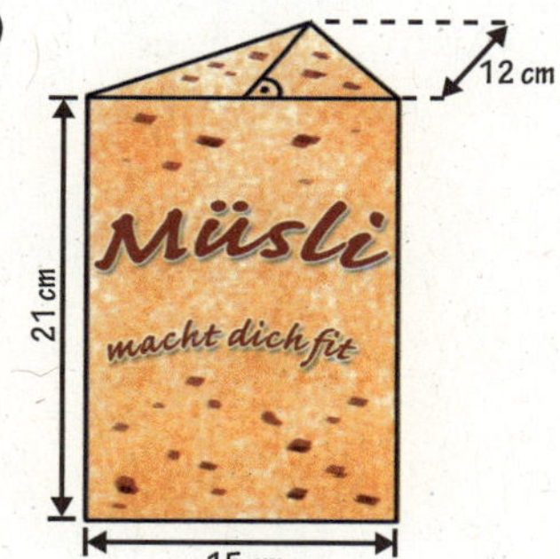

A: ______

b)

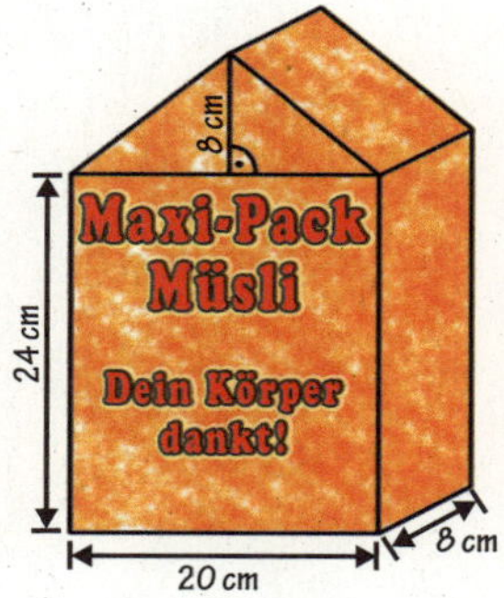

Quader: Dreiecksprisma: Insgesamt:

A: ______

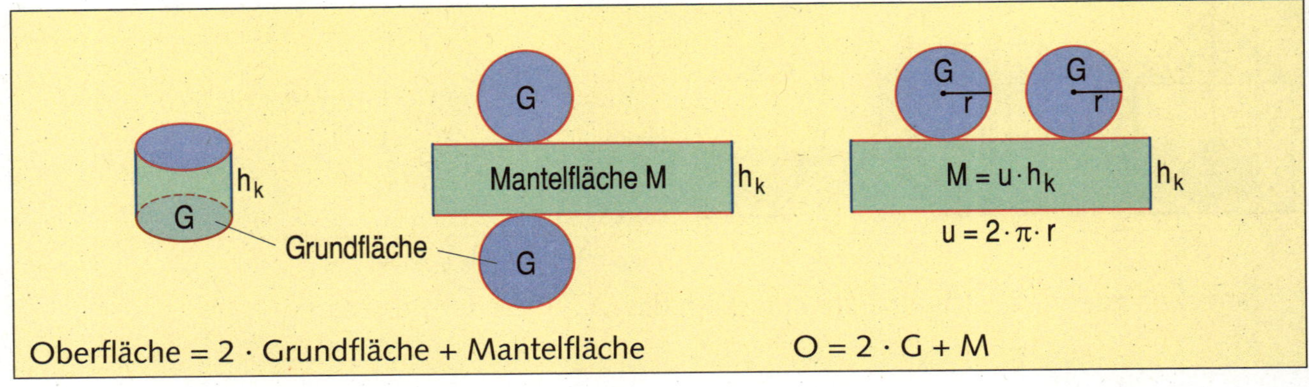

Oberfläche = 2 · Grundfläche + Mantelfläche $O = 2 \cdot G + M$

1. Berechne zuerst die Grundfläche und die Mantelfläche, dann die Oberfläche des Zylinders.

a)

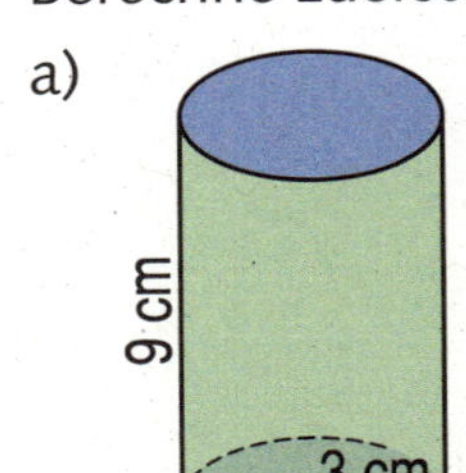

$O = 2 \cdot G + M$

O = ____________

O = ____________

$G = \pi \cdot r^2$ $M = u \cdot h_k$

G = $M = 2 \cdot \pi \cdot 3 \cdot 9$

G = cm^2 M = cm^2

b)

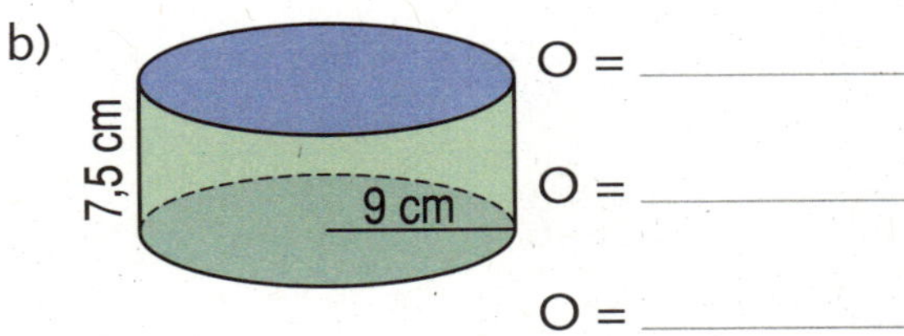

O = ____________

O = ____________

O = ____________

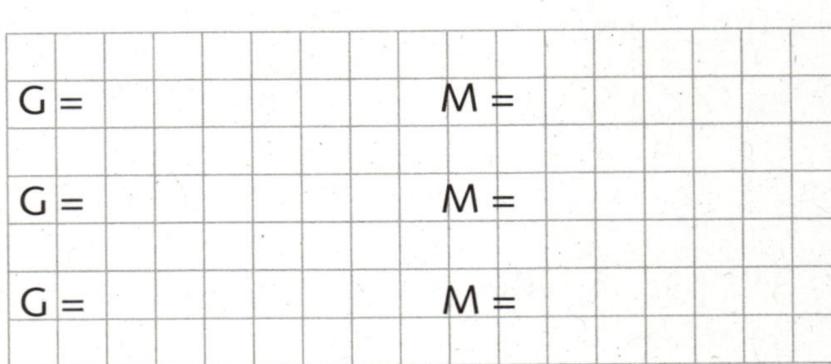

c)

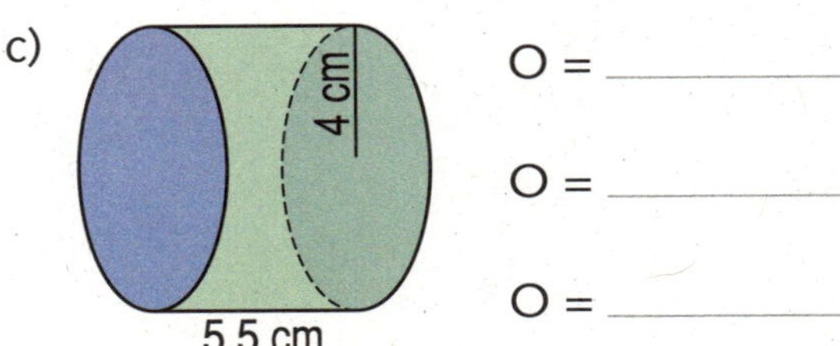

O = ____________

O = ____________

O = ____________

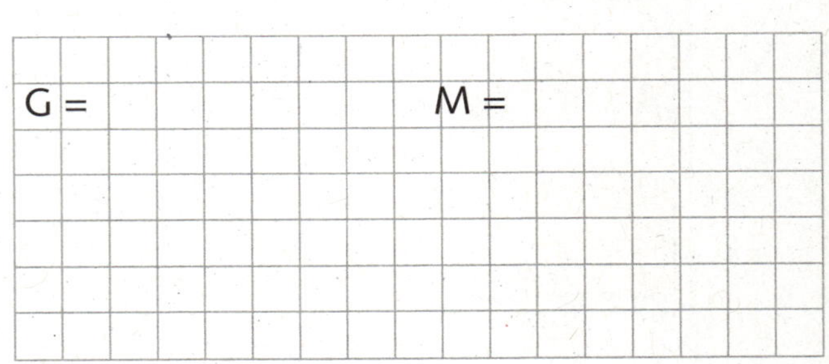

2. Wie viel cm^2 Blech werden für die Herstellung der Dose benötigt?

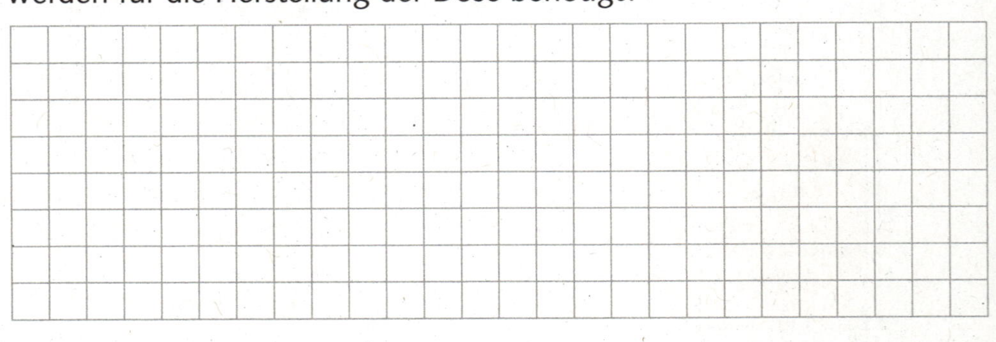

A: ____

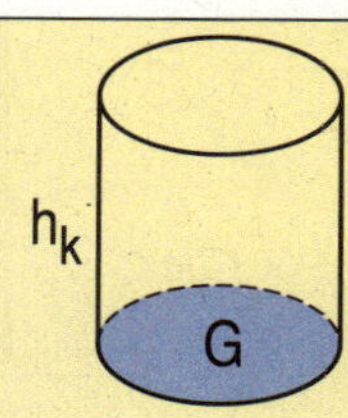

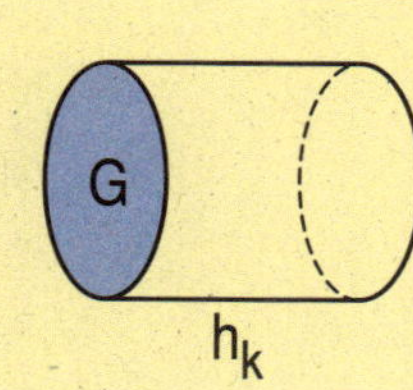

Volumen = Grundfläche · Körperhöhe

$V = G \cdot h_k$

1. Berechne zuerst die Grundfläche und dann das Volumen des Zylinders.

a)

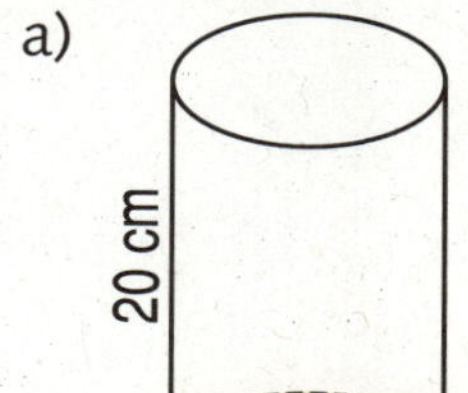

V = ______

V = ______

V = ______

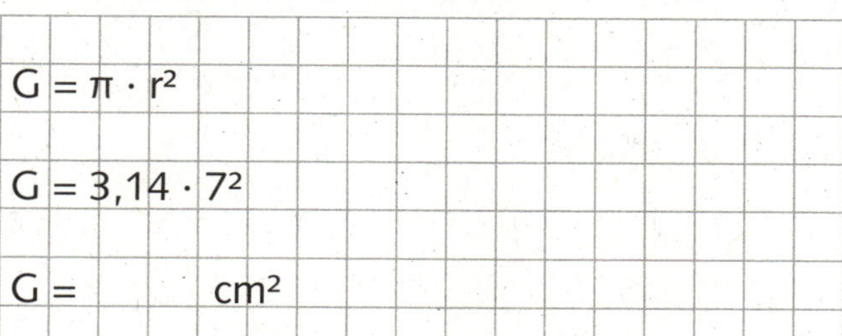

b)

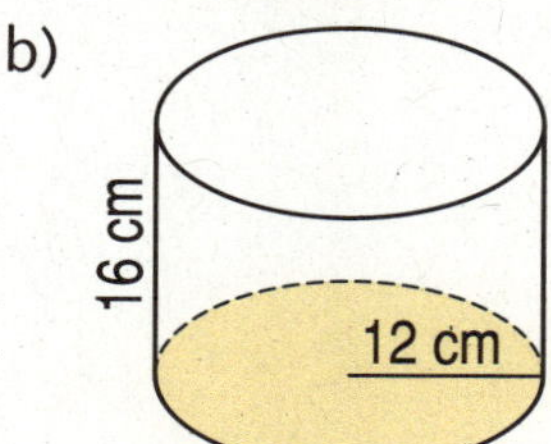

V = ______

V = ______

V = ______

c)

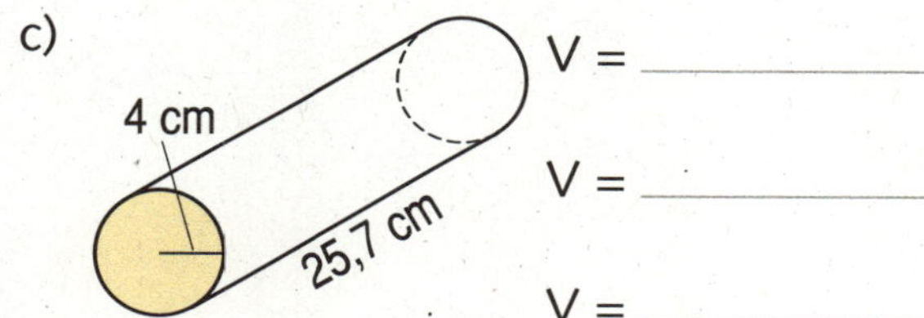

V = ______

V = ______

V = ______

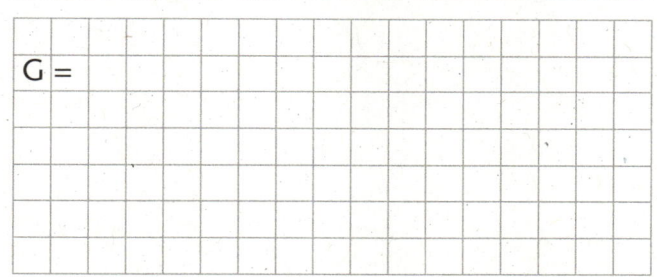

2. Wie viel m³ Öl passen in den Tank?

a)

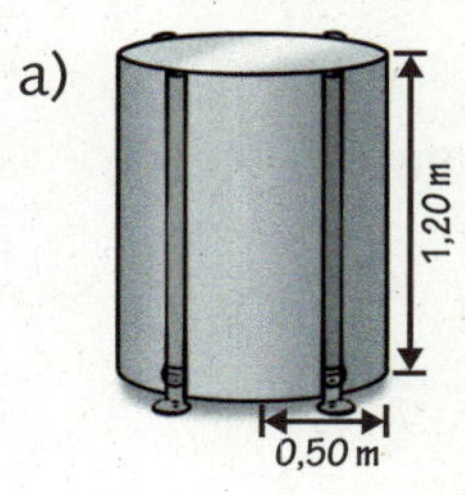

A: ______

b)

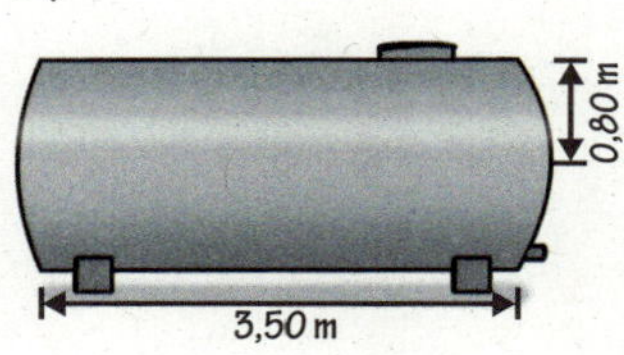

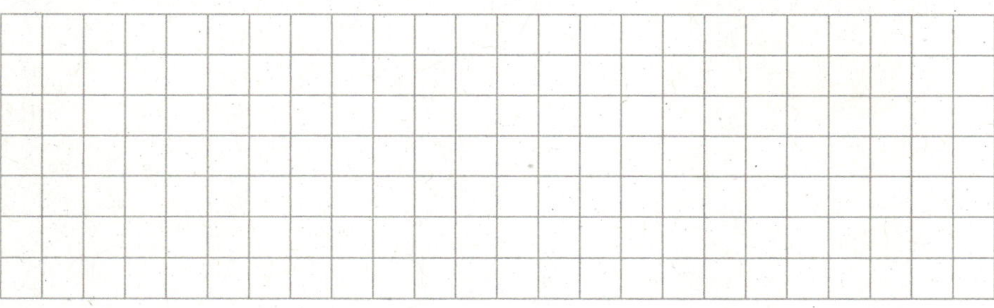

A: ______

Zusammengesetzte und ausgehöhlte Körper

1. Berechne das Volumen des zusammengesetzten Körpers.

a)

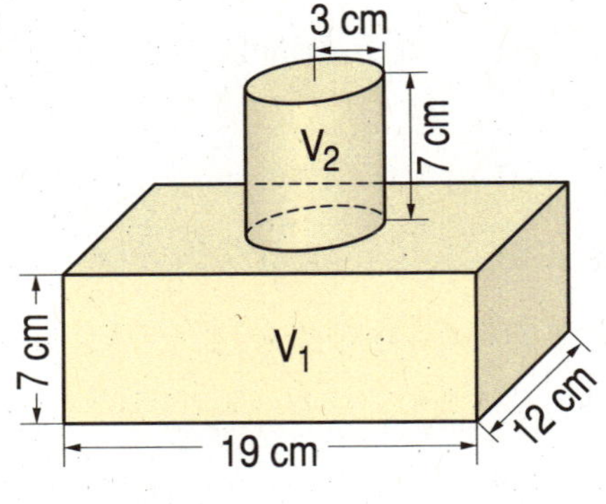

$V = V_1 + V_2$

$V =$ ______ + ______

$V =$ ______ cm³

b)

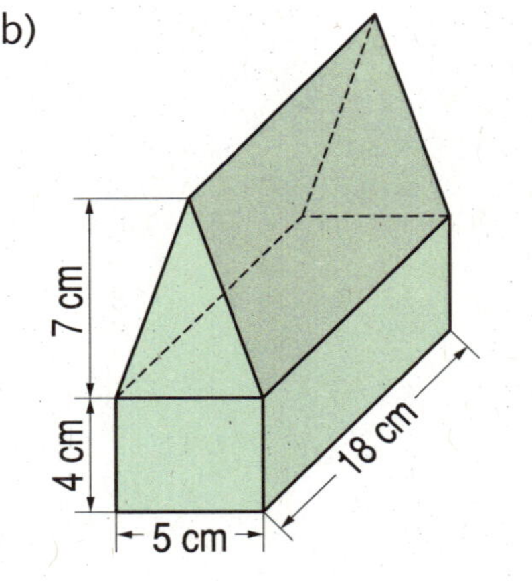

$V = V_1 + V_2$

$V =$ ________________________

$V =$ ________________________

2. Aus dem Zylinder wurde ein Stück herausgebohrt. Berechne das Volumen des Restkörpers.

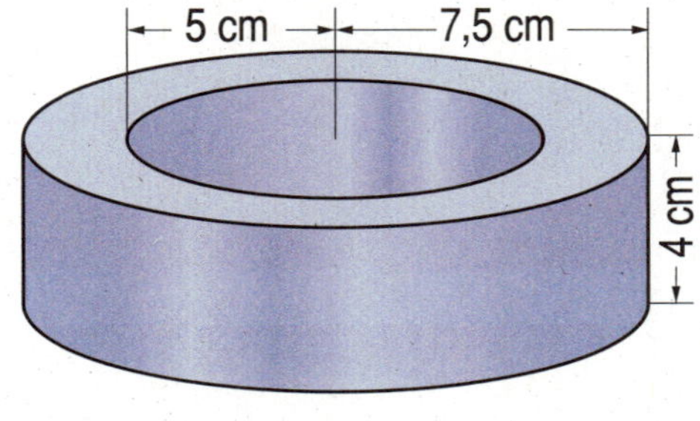

$V = V_1 - V_2$

$V =$ ______ − ______

$V =$ ______ cm³

1. Schätze den Radius und bestimme die ungefähre Größe der Tischplatte.

Geschätzte Länge des Stiftes:

_______________ cm

A: ____

2. Der Durchmesser eines Rhönrades richtet sich nach der Größe des Turners. Schätze die Größe des Turners. Berechne dann, welche Strecke das Rad bei einer Drehung zurücklegt.

Geschätzte Größe des Turners:

_______________ m

A: ____

3. Wie groß ist ungefähr die Fläche der Plakatsäule? Die Maße des Fahrrades helfen dir.

Länge des Fahrrades:

_______________ m

Höhe des Fahrrades:

_______________ m

A: ____

4. Schätze den Radius und die Höhe des Schwimmbeckens. Dann berechne, wie groß ungefähr das Volumen des Beckens ist.

Radius des Beckens:

_______________ m

Höhe des Beckens:

_______________ m

A: ____

1. Berechne den Flächeninhalt der Figur.

a)

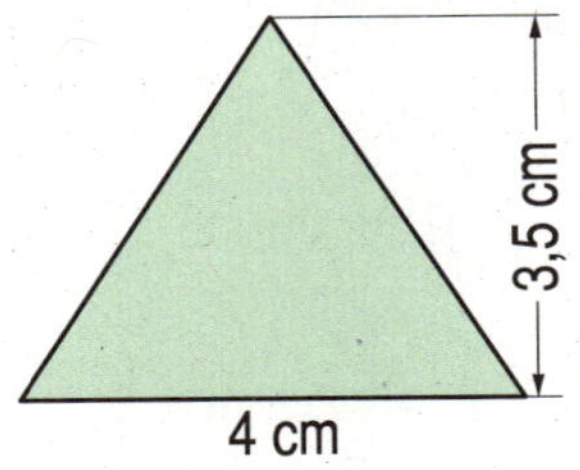

A = ____________

b)

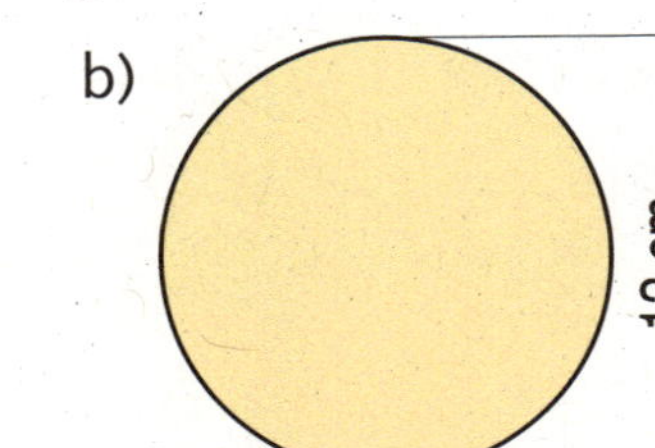

A = ____________

c)

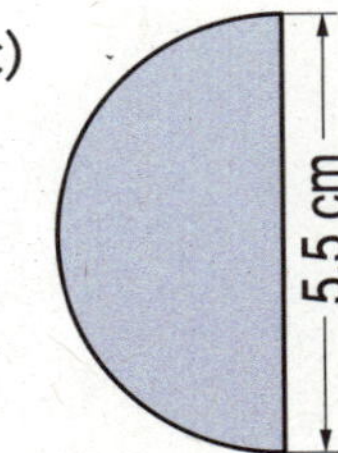

A = ____________

2. Berechne den Flächeninhalt der gefärbten Figur.

a)

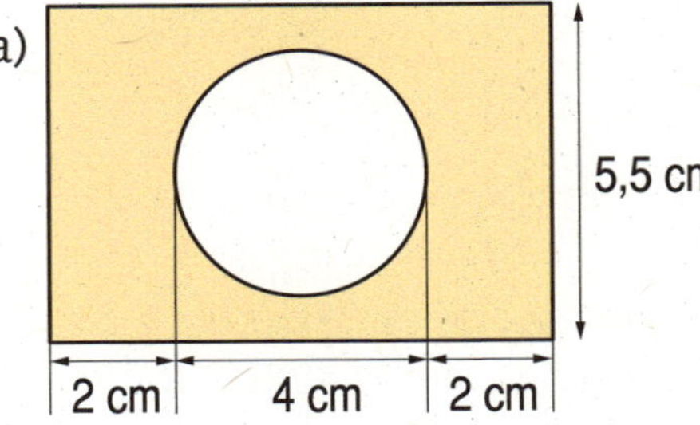

A = ____________ cm²

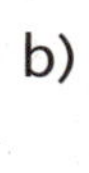

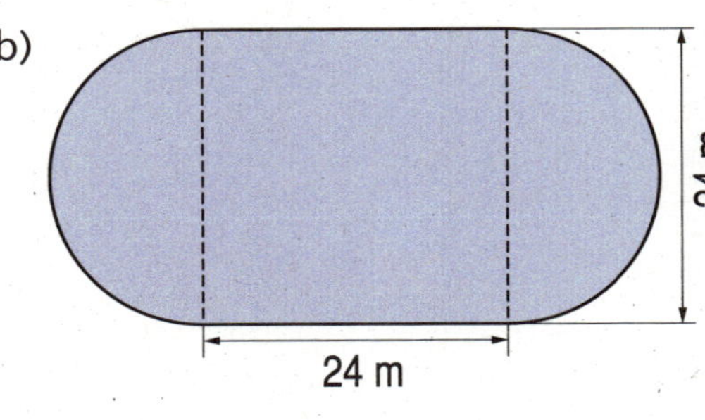

A = ____________ m²

3. Berechne das Volumen und die Oberfläche des Körpers.

Volumen: ____________ Oberfläche: ____________

Daten und Zufall

9

1. In der Tabelle steht, wie viel Millimeter Niederschlag im Jahr 2013 in den Monaten Mai bis September in Augsburg und in Bremen gemessen wurden.

	Mai	Juni	Juli	August	September	Durchschnitt
Augsburg	117 mm	153 mm	25 mm	155 mm	95 mm	
Bremen	117 mm	97 mm	38 mm	40 mm	43 mm	

a) Berechne jeweils den Durchschnitt (Mittelwert). Trage ihn in die Tabelle ein.

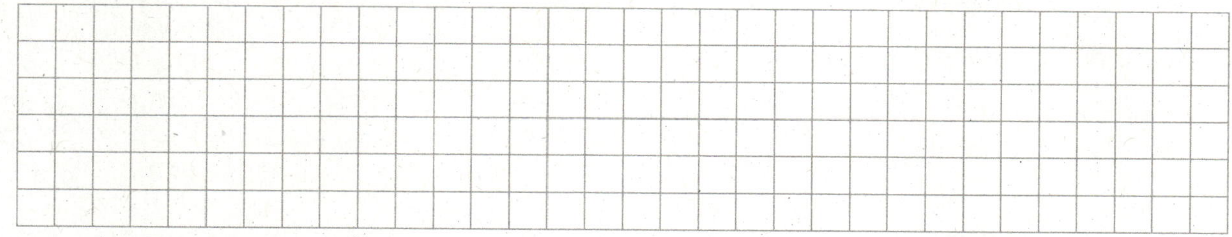

b) Die Werte für Augsburg wurden in einer Rangliste der Größe nach geordnet. Der mittlere Wert ist der Median. Die Spannweite ist die Differenz zwischen dem größten und dem kleinsten Wert. Gib Median und Spannweite für Augsburg an.

Augsburg

Rangliste: 25 95 117 153 155

Median: ______ Spannweite: 155 – 25 = ______

c) Bestimme ebenso Median und Spannweite für die Niederschlagswerte in Bremen.

Bremen

Rangliste: ______ ______ ______ ______ ______

Median: ______ Spannweite: ______ – ______ = ______

2. Für eine gerade Anzahl von Werten ist der Median der Mittelwert der beiden Werte in der Mitte der Rangliste. Im Beispiel wurde eine Rangliste für Temperaturen erstellt. Berechne den Median.

Rangliste:
8° 11° 17° 23° 24° 29°

Median: (17 + 23) : 2 = ______

3. So viel Millimeter Niederschlag gab es in Konstanz in den ersten sechs Monaten 2013.

Januar	Februar	März	April	Mai	Juni	Durchschnitt
49 mm	58 mm	61 mm	86 mm	125 mm	107 mm	

a) Bestimme den Durchschnitt und trage ihn in die Tabelle ein.
b) Ordne alle 6 Werte zu einer Rangliste. Dann bestimme den Median und die Spannweite.

______ ______ ______ ______ ______ ______

Median: ______ Spannweite: ______

Verbrauch einiger Nahrungsmittel in Deutschland in kg pro Kopf und Jahr

	Gemüse	Kartoffeln	Geflügelfleisch	Zucker
1990	81	75	11,7	35,1
1995	86,7	72,8	13,4	32,6
2000	83,7	70,0	16,0	35,3
2005	86,4	63,0	17,5	35,9
2010	95,1	57,0	18,7	33,7

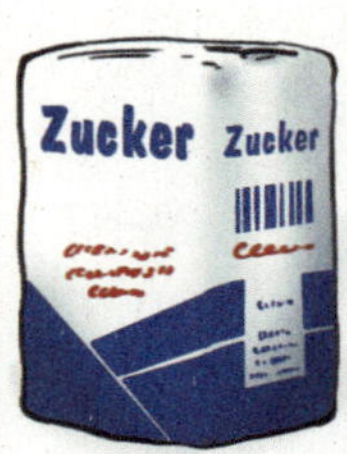

1. Der Verbrauch von Nahrungsmitteln hat sich in den letzten Jahren verändert. Um die Veränderungen seit 1990 übersichtlich anzugeben, verwendet man Indexzahlen. Die Indexzahl für Gemüse für 1995 kannst du so berechnen:

	kg	%	
Grundwert: Verbrauch im Jahr 1990	81	100	
	1		
Prozentwert: Verbrauch im Jahr 1995	86,7		Indexzahl

Ich rechne $\frac{100 \cdot 86{,}7}{81{,}0}$

Rechne mit dem Taschenrechner. In der Zeile für den Prozentsatz liest du die Indexzahl ab.

2. Mit dem Computer kannst du Indexzahlen schneller berechnen.

a) Übertrage die Tabelle in ein Rechenblatt auf deinem Computer. Berechne die Indexzahlen für die Jahre 1995 bis 2010. Runde. Trage sie in die Tabelle unten ein.

b) Berechne ebenso die Indexzahlen für die anderen Nahrungsmittel. Trage sie ein.

	A	B	C	D	E	F	G	H
1	Indexzahlen für den Verbrauch von Gemüse pro Kopf und Jahr							
2	Jahr	kg	Indexzahl					
3	1990	81	100					
4	1995	86,7	=C3/B3*B4					
5	2000	83,7						
6	2005	86,4						
7	2010	95,1						

Indexzahlen zum Pro-Kopf-Verbrauch. Die Indexzahl für 1990 ist immer 100.

	Gemüse	Kartoffeln	Geflügelfleisch	Zucker
1990	100	100	100	100
1995				
2000				
2005				
2010				

Sind alle Ergebnisse eines Zufallsversuchs gleich wahrscheinlich, so gilt für die Wahrscheinlichkeit p:

$$p(\text{Ereignis}) = \frac{\text{Anzahl der günstigen Ergebnisse}}{\text{Anzahl aller Ergebnisse}}$$

1. Laura würfelt einmal mit einem Spielwürfel. Ergänze die fehlenden Angaben in der Tabelle.

	Ereignis	Günstige Ergebnisse	Wahrscheinlichkeit
a)	Es wird eine 3 oder eine 5 gewürfelt.	3; 5	$\frac{2}{6}$
b)	Es wird eine 4 gewürfelt.		
c)	Es wird eine ungerade Zahl gewürfelt.		
d)	Es wird eine Zahl kleiner als 5 gewürfelt.		
e)	Es wird eine Zahl größer als 0 gewürfelt.		
f)	Es wird eine Zahl kleiner als 8 gewürfelt.		

2. Aus verschiedenen Beuteln wird eine Kugel gezogen. Ergänze die Wahrscheinlichkeiten in der Tabelle.

a)	Die gezogene Kugel ist blau.	$\frac{3}{8}$		
b)	Die gezogene Kugel ist rot.			
c)	Die gezogene Kugel ist gelb.			
d)	Die gezogene Kugel ist gelb oder rot.			
e)	Die gezogene Kugel ist blau oder gelb.			
f)	Die gezogene Kugel ist nicht blau.			

3. Jedes Glücksrad ist in gleich große Felder eingeteilt. Die Felder sollen rot oder blau gefärbt werden. Die Wahrscheinlichkeit für „rot" ist jeweils angegeben. Färbe entsprechend. Ergänze die Wahrscheinlichkeit für „blau".

a) $p(\text{rot}) = \frac{2}{5}$

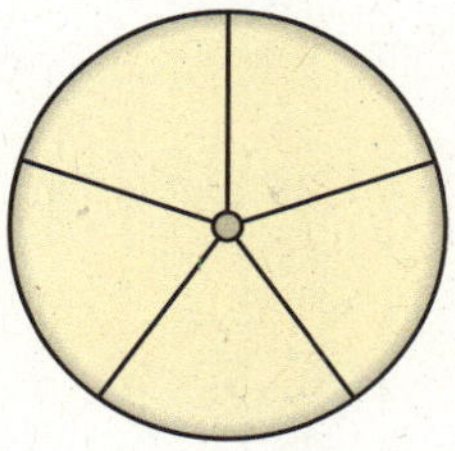

$p(\text{blau}) =$

b) $p(\text{rot}) = \frac{5}{6}$

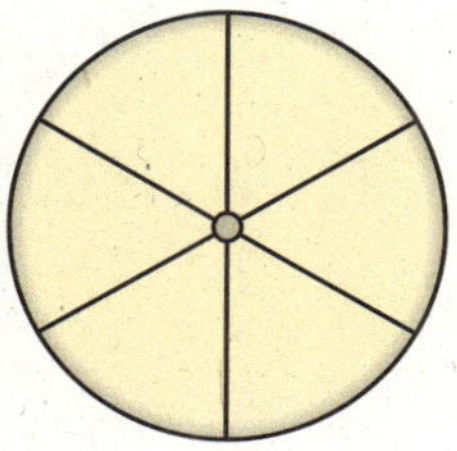

$p(\text{blau}) =$

c) $p(\text{rot}) = \frac{3}{8}$

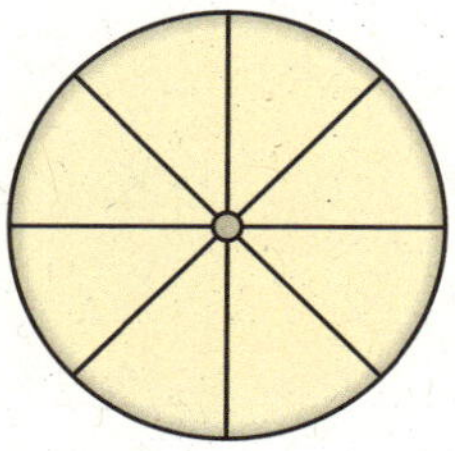

$p(\text{blau}) =$

d) $p(\text{rot}) = \frac{1}{2}$

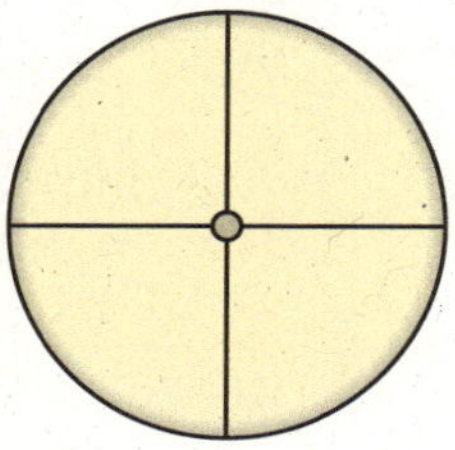

$p(\text{blau}) =$

1. Ein Reißnagel fällt immer mit der Spitze nach oben oder mit der Spitze nach unten auf den Tisch. Die beiden Ergebnisse o und u sind aber nicht gleich wahrscheinlich. Mit einem Experiment bestimmt Lukas die Wahrscheinlichkeit für das Ergebnis o ungefähr. Er lässt den Reißnagel auf den Tisch fallen und erstellt eine Tabelle.

Anzahl der Versuche	100	200	500	1 000
Anzahl der Ergebnisse o	63	122	310	620
relative Häufigkeit von o	$\frac{63}{100}$ = 63 %	$\frac{122}{200}$ = 61 %	$\frac{310}{500}$ = 62 %	$\frac{620}{1000} = \frac{\_\_}{100}$ = ____ %

a) Ergänze die relative Häufigkeit von o bei 1 000 Versuchen.

b) Lukas meint: „Je mehr Versuche, desto besser wird die Wahrscheinlichkeit angenähert. Die Wahrscheinlichkeit für o beträgt ungefähr 62 %."
Wie groß ist die Wahrscheinlichkeit für u?

A: ______________________________

c) Camilla berechnet, wie oft ungefähr bei 5 000 Versuchen der Reißnagel mit der Spitze nach oben fällt.
Ergänze die Rechnung.

%	Versuche
100	5 000
1	
62	

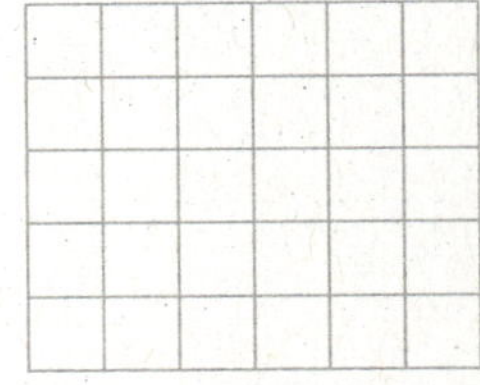

2. Bei diesem Quader tragen die Grundfläche und die Deckfläche die Zahl 1. Auf jeder Seitenfläche steht die Zahl 0. Wenn man mit dem Quader würfelt, sind die Ergebnisse 0 und 1 nicht gleich wahrscheinlich. Fatma und Leon möchten die Wahrscheinlichkeit für das Ergebnis 1 ungefähr bestimmen. Dazu würfeln sie mit dem Quader und erstellen eine Tabelle.

Anzahl der Versuche	100	200	500	1 000
Anzahl der Ergebnisse 1	27	58	140	280
relative Häufigkeit von 1	$\frac{27}{100}$ = ___ %	$\frac{58}{200} = \frac{\_\_}{100}$ = ___ %		

a) Ergänze die relativen Häufigkeiten in der Tabelle.

b) Wie viel Prozent beträgt ungefähr die Wahrscheinlichkeit für das Ergebnis 1?

A: ______________________________

c) Mit dem Quader wird 10 000-mal gewürfelt. Wie oft tritt ungefähr das Ergebnis 1 auf?

A: ______________________________

1. Laura zieht eine Kugel aus dem Beutel, notiert die Zahl und legt die Kugel zurück. Dann zieht sie erneut eine Kugel und notiert die Zahl. Das Baumdiagramm zeigt die verschiedenen Möglichkeiten für die erste und die zweite Zahl, die Laura erhalten kann.

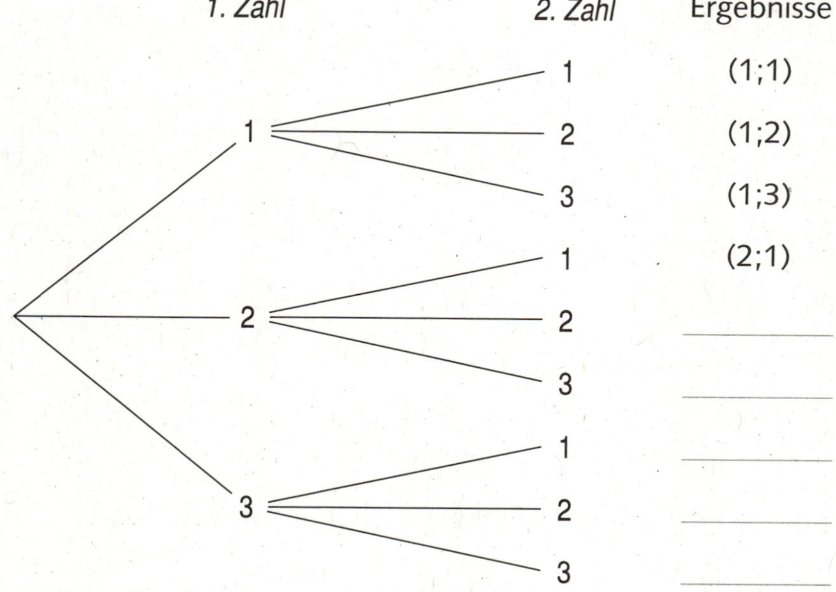

a) Ergänze die fehlenden Ergebnisse.

b) Die Ergebnisse sind gleich wahrscheinlich. Wie groß ist jeweils die Wahrscheinlichkeit?

A: ______

c) Trage für jedes Ereignis die günstigen Ergebnisse ein. Dann bestimme die Wahrscheinlichkeit.

Ereignis: Die erste Zahl ist 1. Günstige Ergebnisse: ______ p (Ereignis) = ___	Ereignis: Die zweite Zahl ist 3. Günstige Ergebnisse: ______ p (Ereignis) = ___
Ereignis: Die zweite Zahl ist 1. Günstige Ergebnisse: ______ p (Ereignis) = ___	Ereignis: Beide Zahlen sind gleich. Günstige Ergebnisse: ______ p (Ereignis) = ___
Ereignis: Die Summe der beiden Zahlen ist 3. Günstige Ergebnisse: ______ p (Ereignis) = ___	Ereignis: Die Summe der beiden Zahlen ist kleiner als 5. Günstige Ergebnisse: ______ p (Ereignis) = ___

1. So viel Millimeter Niederschlag fielen von März bis Juni 2013 in Aachen und in Nürnberg.

	März	April	Mai	Juni
Aachen	35	17	108	68
Nürnberg	20	26	129	89

a) Ordne jeweils die 4 Werte zu einer Rangliste.

Aachen ____ ____ ____ ____

Nürnberg ____ ____ ____ ____

b) Bestimme für die vier Werte jeweils den Durchschnitt, den Median und die Spannweite.

Aachen		Nürnberg	
Durchschnitt:	____	Durchschnitt:	____
Median:	____	Median:	____
Spannweite:	____	Spannweite:	____

2. Jedes Glücksrad ist in gleich große Felder eingeteilt. Die Felder sollen rot oder blau gefärbt werden. Die Wahrscheinlichkeit für „rot" ist jeweils angegeben. Färbe entsprechend. Ergänze die Wahrscheinlichkeit für „blau".

a) p(rot) = $\frac{3}{4}$

b) p(rot) = $\frac{5}{8}$

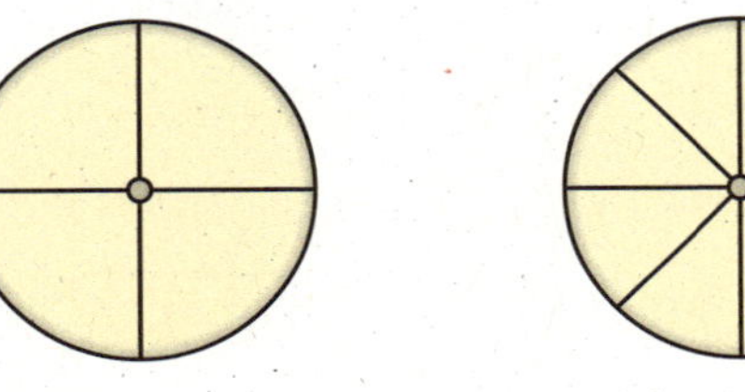

p(blau) =

p(blau) =

c) p(rot) = $\frac{1}{6}$

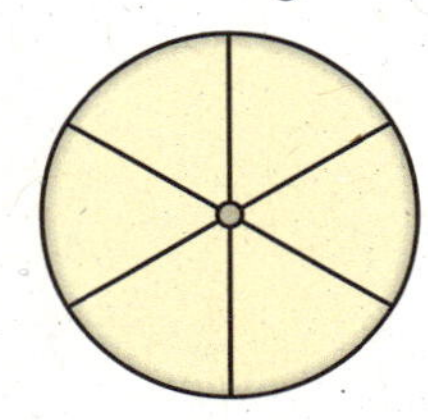

p(blau) =

d) p(rot) = $\frac{2}{3}$

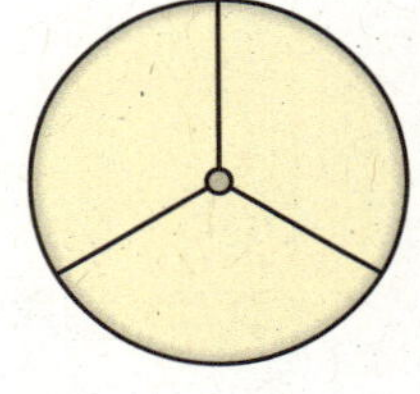

p(blau) =

3. Bei diesem Prisma tragen die Grundfläche und die Deckfläche die Zahl 1. Auf jeder Seitenfläche steht die Zahl 0. Wenn man mit dem Prisma würfelt, sind die Ergebnisse 0 und 1 nicht gleich wahrscheinlich. Timo und Sandra würfeln mit dem Prisma und erstellen eine Tabelle.

Anzahl der Versuche	100	200	500	1 000
Anzahl der Ergebnisse 1	38	82	200	400
relative Häufigkeit von 1	$\frac{38}{100}$ = ___ %	$\frac{82}{200} = \frac{}{100}$ = ___ %		

a) Ergänze die relativen Häufigkeiten in der Tabelle.

b) Wie viel Prozent beträgt ungefähr die Wahrscheinlichkeit für das Ergebnis 1?

A: ____

1. Vervollständige die Tabelle. Trage das Ergebnis ein.

a)

Preis für 5 Stifte: 3,50 €
Preis für 12 Stifte: ________ €

Anzahl	€
5	
1	
12	

b)

Preis für 4 Patronen: 1,00 €
Preis für 7 Patronen: ________ €

Anzahl	€

2. Herr Dux legt in einer Stunde 90 km zurück. Wie weit fährt er in einer halben Stunde?

A: ____

3. In 3 Stunden fährt Paolo mit dem Fahrrad 39 km weit.
F: Wie viel Kilometer legt er pro Stunde zurück?

A: ____

h	km

4. Wie viele Fahrten sind für den Transport der Baumaterialien notwendig?

a) Bei 2 Lkw 10 Fahrten

Lkw	Fahrten

b) Bei 3 Lkw 12 Fahrten

Ich habe 4 Lkw.

Lkw	Fahrten

c) Bei 5 Lkw 9 Fahrten

Lkw	Fahrten

5. Ist die Zuordnung proportional oder antiproportional?
Trage ein, dann ergänze die fehlenden Werte in der Tabelle.

a)

Arbeitszeit	
Personen	h
5	10
1	
2	

____

b)

Preis	
Bohrer	€
2	9,00
1	
3	

____

c)

Fahrtdauer	
km	h
300	6
100	
400	

____

6. Schreibe als Potenz.

a) $2 \cdot 2 \cdot 2 =$ ______ b) $5 \cdot 5 \cdot 5 \cdot 5 =$ ______ c) $3 \cdot 3 \cdot 3 \cdot 3 \cdot 3 =$ ______

7. Schreibe die Potenz ausführlich und berechne.

a) $3^3 =$ ___ · ___ · ___ = ______ b) $2^5 =$ ____________ = ______

c) $7^2 =$ ____________ = ______ d) $5^3 =$ ____________ = ______

8. Schreibe die Zehnerpotenz als Zahl.

a) $10^3 =$ ____________ b) $10^6 =$ ____________ c) $10^5 =$ ____________

9. Schreibe die Zahl als Zehnerpotenz.

a) 10 000 = ______ b) 100 = ______ c) 10 000 000 = ______

d) 1 000 = ______ e) 1 000 000 = ______ f) 100 000 = ______

10. Der Flächeninhalt eines Quadrats ist gegeben. Wie lang ist eine Seite des Quadrats?

a) $A = 25\ m^2$ b) $A = 36\ m^2$ c) $A = 100\ m^2$ d) $A = 81\ m^2$

a = ______ m a = ______ m a = ______ m a = ______ m

11. Trage die fehlenden Zahlen ein.

a) $\sqrt{16} =$ ______, denn ______$^2 = 16$ b) $\sqrt{100} =$ ______, denn ______$^2 = 100$

c) $\sqrt{64} =$ ______, denn ______$^2 = 64$ d) $\sqrt{144} =$ ______, denn ______$^2 = 144$

12. Schreibe für jedes Dreieck die Gleichung auf, die nach dem Satz des Pythagoras gilt.

a) 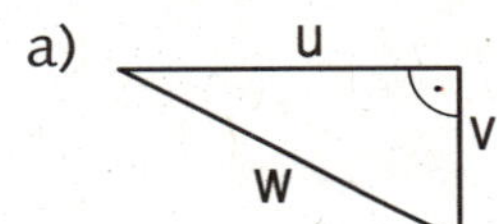

b) a c b

c) 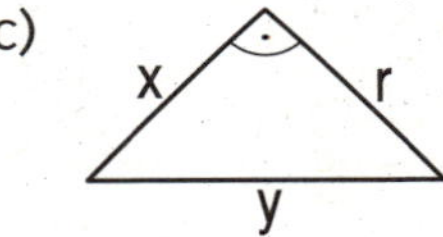

d) 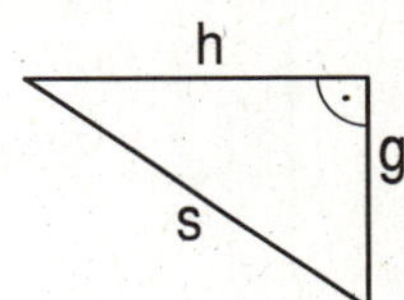

____________ ____________ ____________ ____________

13. Wie lang sind die Stützen der Schaukel? Rechne mit dem Taschenrechner. Runde.

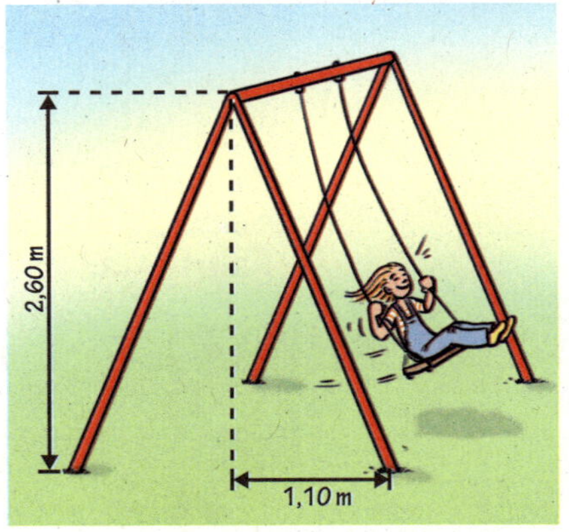

Skizze:

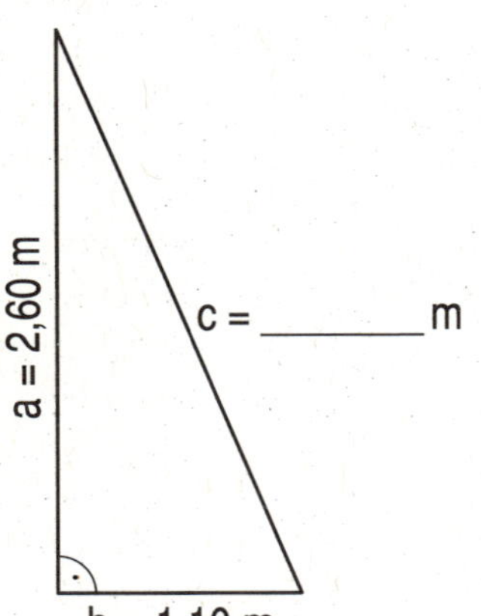

$a^2 + b^2 = c^2$

$c^2 = a^2 + b^2$

$c^2 =$ ______ + ______

$c^2 =$ ____________

$c^2 =$ ______

$c =$ ______

$c =$ ______ m

A: ____

14. Löse die Gleichung.

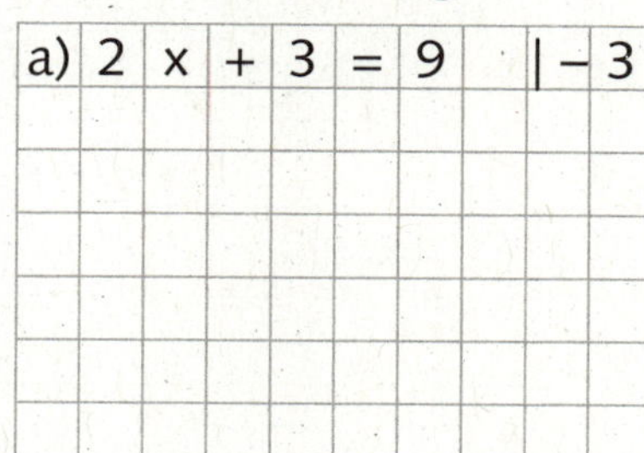

a) $2x + 3 = 9 \quad | -3$

b) $3x - 4 = 8 \quad | +4$

c) $9 - 2a = 3$

15. Fasse zusammen, dann löse die Gleichung.

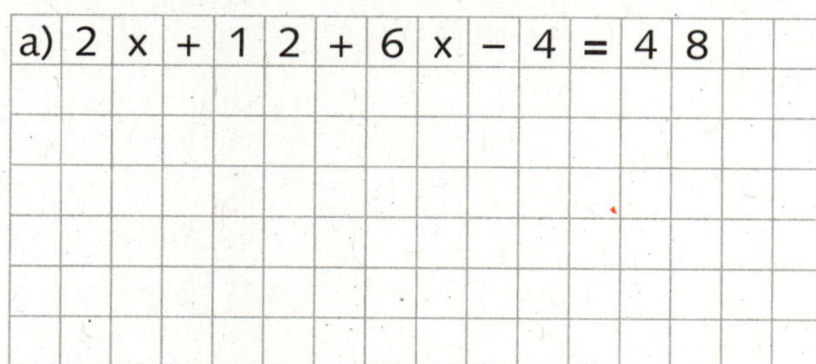

a) $2x + 12 + 6x - 4 = 48$

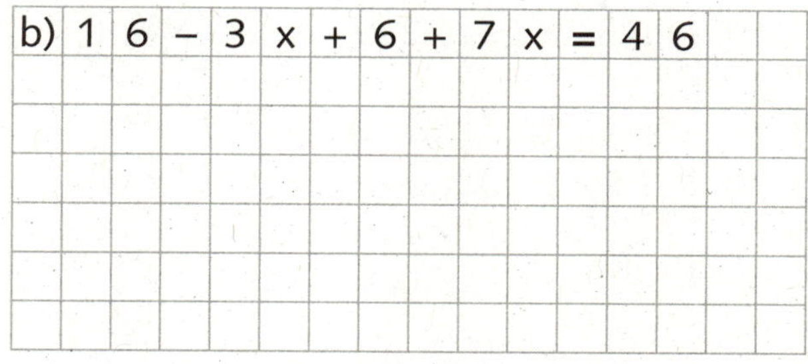

b) $16 - 3x + 6 + 7x = 46$

16. Erstelle zu dem Zahlenrätsel eine Gleichung. Löse die Gleichung. Die Lösung kann eine negative Zahl sein.

a) Vom Vierfachen einer Zahl subtrahiere ich 6. Das Ergebnis ist das Doppelte der Zahl.

$4x - 6 =$

b) Von 44 subtrahiere ich das Doppelte einer Zahl. Ich erhalte die Summe aus dem Dreifachen der Zahl und 4.

c) Zu 17 addiere ich das Doppelte einer Zahl. Ich erhalte die Summe aus dem Dreifachen der Zahl und 19.

17. Frau Reuter bezahlt für drei Gläser Saft und zwei Stücke Kuchen zusammen 7,70 €.
Herr Jazek bezahlt für ein Glas Saft und zwei Stücke Kuchen zusammen 5,50 €.
Wie teuer ist ein Glas Saft, wie teuer ist ein Stück Kuchen? Ergänze die Skizze zur Lösung.

	Saft	Kuchen	Preis zusammen
Frau Reuter			7,70 €
Herr Jazek			
Unterschied:			

A: ______________________________

18. Berechne die fehlenden Werte.

Größe im Original	4 cm		40 cm	5 mm	3 mm
Vergrößerung	2-fach	20-fach	5-fach		200-fach
Maßstab	2 : 1	20 : 1		100 : 1	
Größe in der Abbildung		60 cm	200 cm		

19. Zeichne den Buchstaben G 2-fach verkleinert und den Buchstaben U 3-fach vergrößert.

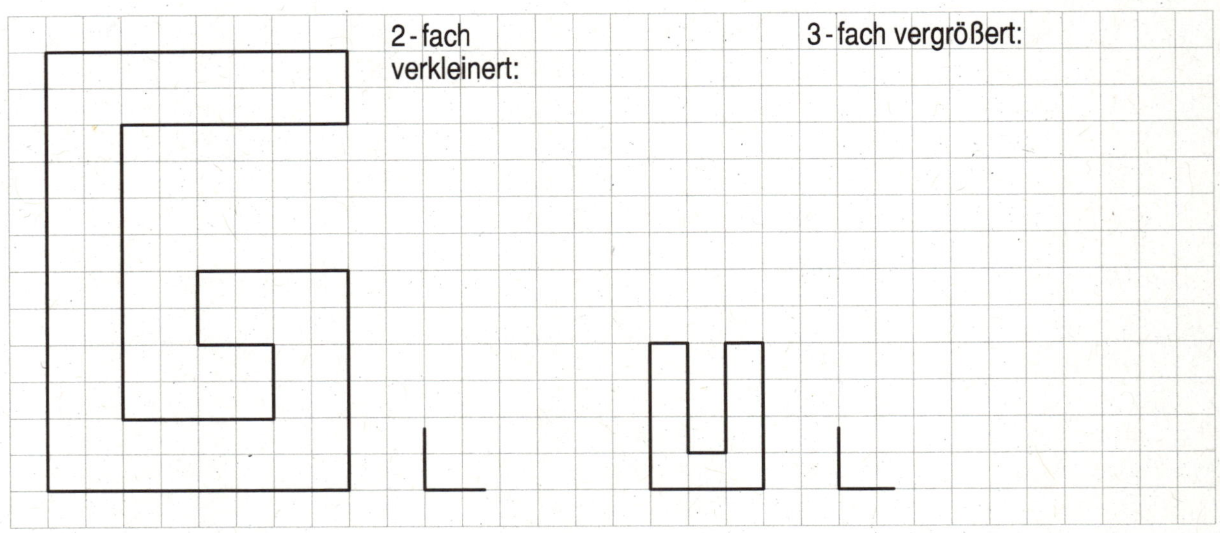

20. Trage die fehlenden Werte ein.

Maßstab	1 : 10	1 : 1000	1 : 20	1 : 1	10 : 1	100 : 1
Länge in der Zeichnung		10 cm		20 cm	15 cm	
Länge in der Wirklichkeit	20 cm		200 cm			3 mm

21. Berechne die Preise bei Barzahlung.

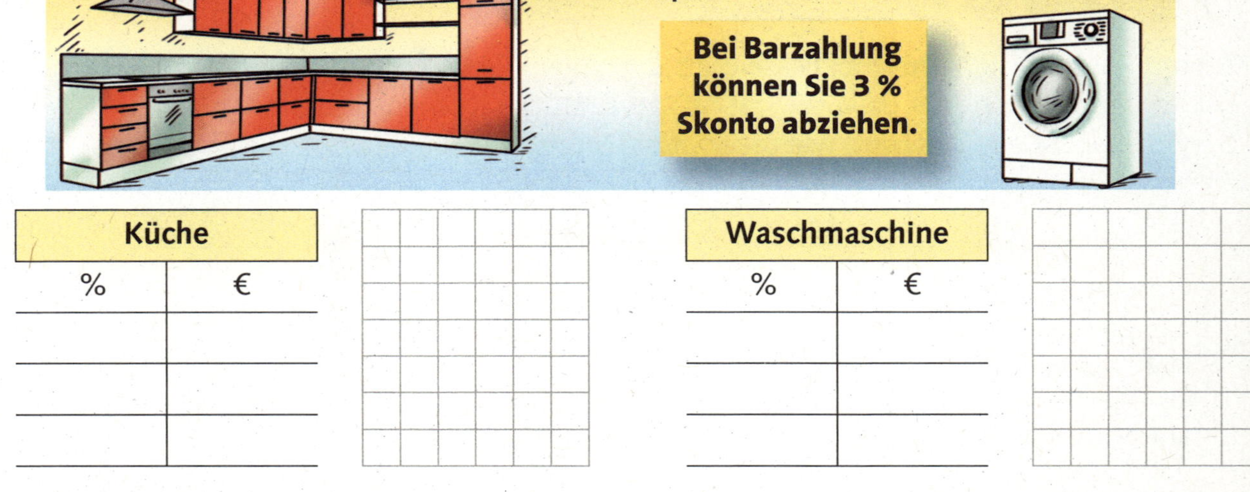

22. Berechne die Jahreszinsen für ein Kapital von 8 000 €.

Zinssatz	1 %	3 %	6 %	9 %	10 %	12 %
Zinsen						

23. 7 540 € werden 7 Monate lang mit einem Zinssatz von 1,2 % verzinst. Wie hoch sind die Zinsen für 7 Monate?

Jahreszinsen	
%	€

Monatszinsen	
%	€

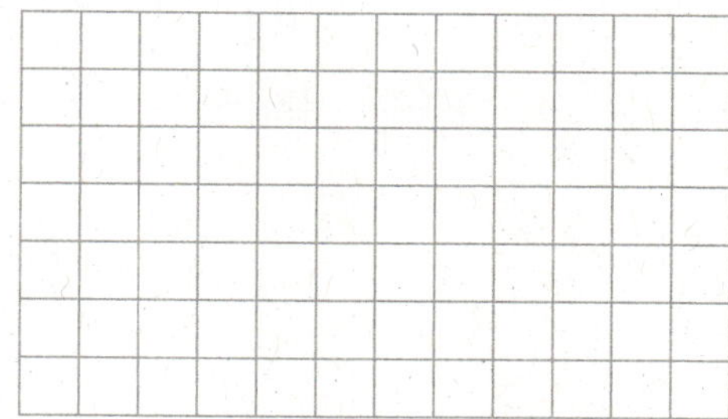

A: ______________________________

24. Berechne den Flächeninhalt und den Umfang der Figur.

a) 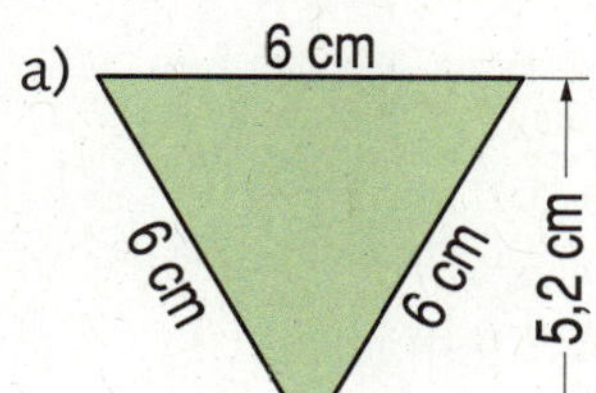

b) 5 cm

c) 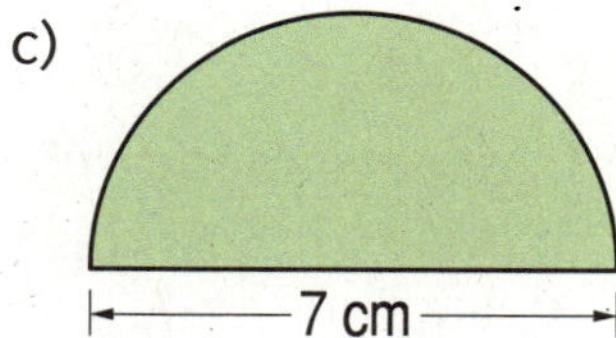

a) A = ____________ u = ____________

b) A = ____________ u = ____________

c) A = ____________ u = ____________

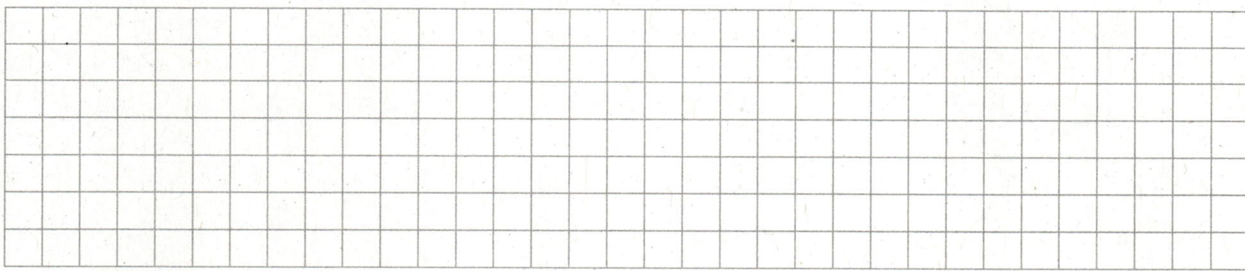

25. Berechne den Flächeninhalt der gefärbten Figur.

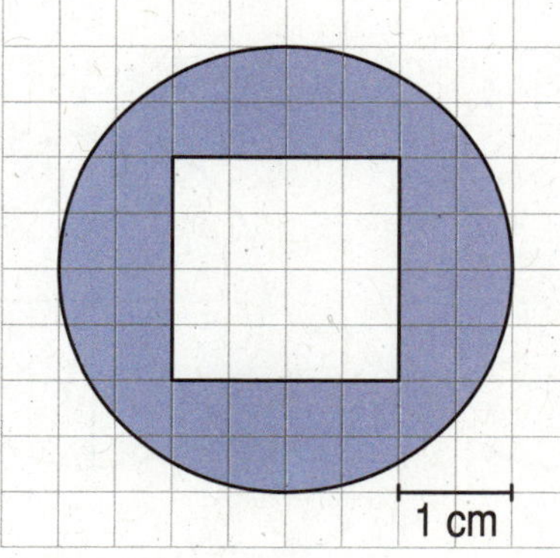

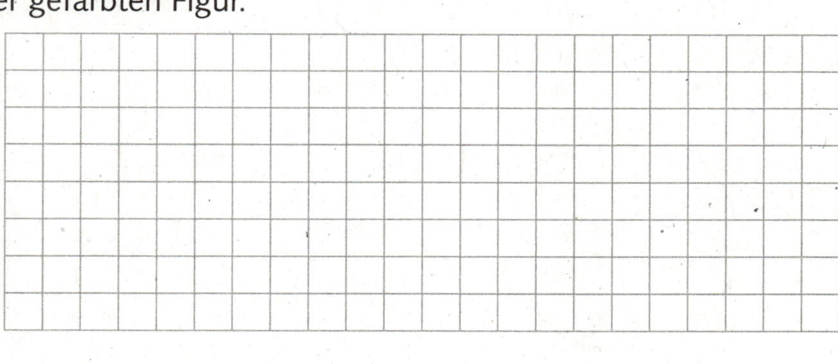

A = ______________________________

26. Berechne das Volumen des Körpers. Die Grundfläche ist gefärbt.

a)

7 cm
4 cm
2 cm

b)

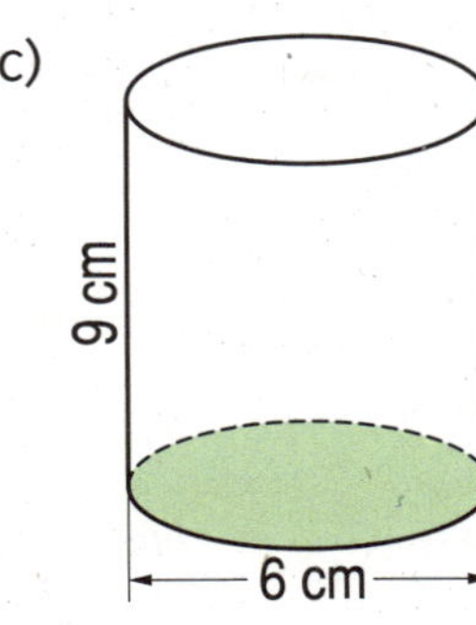

c)

9 cm
6 cm

d)

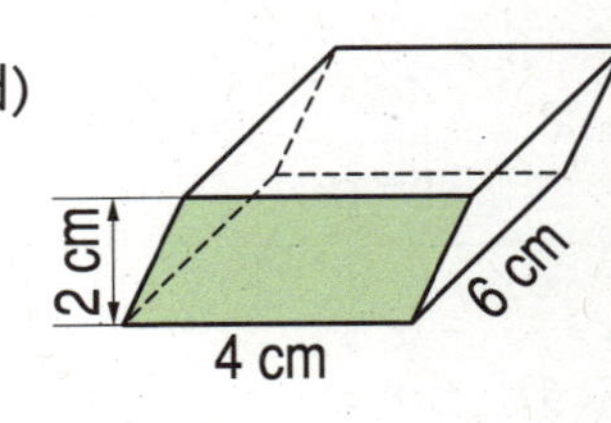

V = ______ V = ______ V = ______ V = ______

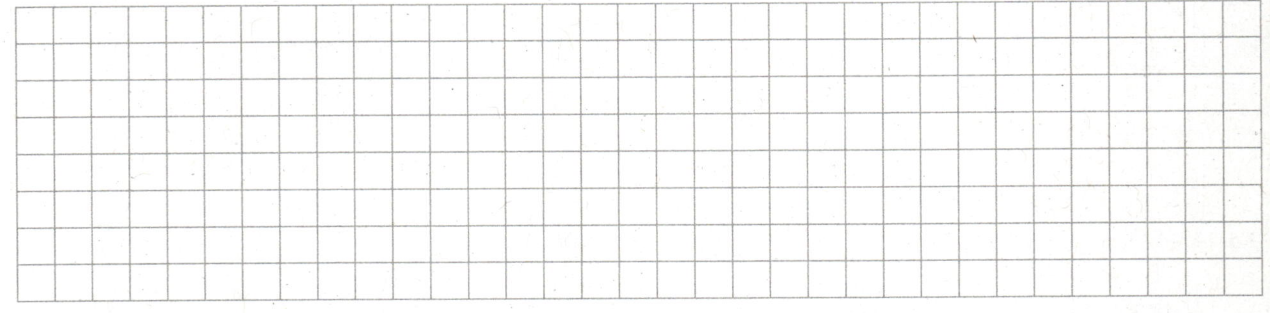

27. In der zylinderförmigen Verpackung werden Schokoladentaler verkauft.

a) Wie groß ist das Volumen der Verpackung?

b) Auf der Mantelfläche stehen Informationen. Wie groß ist die Mantelfläche?

Volumen: ______ Mantelfläche: ______

28. Jedes Glücksrad ist in gleich große Felder eingeteilt. Die Felder sollen rot oder blau gefärbt werden. Die Wahrscheinlichkeit für „rot" ist jeweils angegeben. Färbe entsprechend. Ergänze die Wahrscheinlichkeit für „blau".

a) p(rot) = $\frac{2}{3}$

b) p(rot) = $\frac{1}{6}$

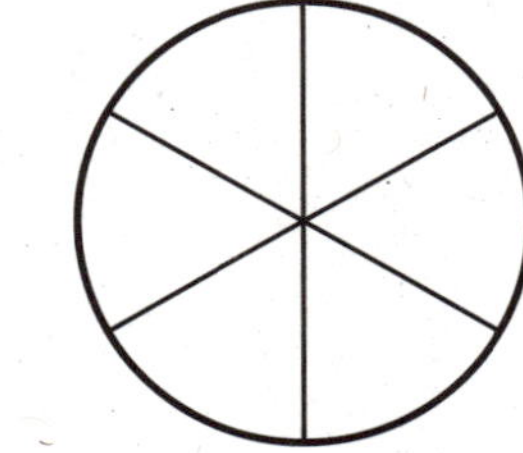

c) p(rot) = $\frac{5}{8}$

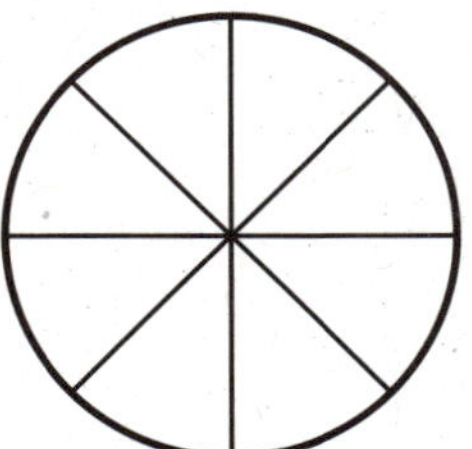

d) p(rot) = $\frac{1}{2}$

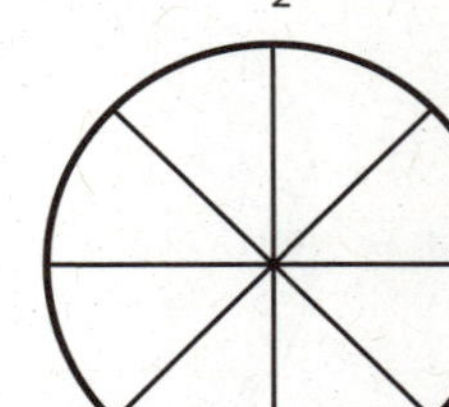

p(blau) = p(blau) = p(blau) = p(blau) =